高等职业教育"广告和艺术设计"专业系列教材
广告企业、艺术设计公司系列培训教材

字体与版式设计

（第2版）

张　璇　主　编

龚正伟　刘海荣　副主编

U0249308

清华大学出版社
北京

内 容 简 介

文字既是人类历史的沉淀，也是人类文明历程的再现。文字作为文化交流的主要工具，在传递信息、传播思想、表现意识、沟通心灵等方面发挥着越来越重要的作用。本书结合"字体与版式设计"发展的新形势和新特点，针对高职高专院校广告和艺术设计专业应用型人才的培养目标，系统地介绍了字体与版式设计原理、类型、方法、实施程序、计算机辅助设计等基本理论知识，并通过实例解析讲解了字体与版式设计的设计流程和操作步骤以及以强化应用技术与实用技能为目的的训练。

本书结构合理、流程清晰、图文并茂、内容通俗易懂、突出实用性，并且采用新颖统一的格式化体例设计，因此本书既适用于专升本及高职高专院校广告和艺术设计专业"字体与版式设计"课程的教学，也可以作为广告企业和艺术设计公司从业者的职业教育与岗位培训教材，对于广大社会自学者也是一本非常有益的参考书。

本书封面贴有清华大学出版社防伪标签，无标签者不得销售。

版权所有，侵权必究。举报：010-62782989，beiqinquan@tup.tsinghua.edu.cn.

图书在版编目(CIP)数据

字体与版式设计/张璇主编. --2版. --北京：清华大学出版社，2016（2023.7重印）

（高等职业教育"广告和艺术设计"专业系列教材）

（广告企业、艺术设计公司系列培训教材）

ISBN 978-7-302-41898-6

Ⅰ.①字… Ⅱ.①张… Ⅲ.①美术字—字体—设计—高等职业教育—教材 ②版式—设计—高等职业教育—教材 Ⅳ.①J292.13 ②J293 ③TS881

中国版本图书馆CIP数据核字(2015)第251964号

责任编辑：章忆文 李玉萍
封面设计：刘孝琼
责任校对：周剑云
责任印制：宋 林

出版发行：清华大学出版社
　　　　　网　　址：http://www.tup.com.cn, http://www.wqbook.com
　　　　　地　　址：北京清华大学学研大厦A座　　　邮　　编：100084
　　　　　社 总 机：010-83470000　　　　　　　　邮　　购：010-62786544
　　　　　投稿与读者服务：010-62776969, c-service@tup.tsinghua.edu.cn
　　　　　质量反馈：010-62772015, zhiliang@tup.tsinghua.edu.cn
　　　　　课件下载：http://www.tup.com.cn, 010-62791865
印 装 者：天津鑫丰华印务有限公司
经　　销：全国新华书店
开　　本：190mm×260mm　　　印　张：16.75　　　字　数：403千字
版　　次：2009年10月第1版　2016年1月第2版　　印　次：2023年7月第10次印刷
定　　价：59.00元

产品编号：064942-02

随着我国改革开放进程的加快和市场经济的快速发展，各类广告经营业也在迅速发展。1979年中国广告业从零开始，经历了起步、快速发展、高速增长等阶段。2014年全国广告经营额高达5605.6亿元人民币，比上年增长了11.67%；全国广告经营单位达到54万户，比上年增长了9.5%；全国广告从业人员超过200万人，比上年增加近10万人。目前，中国广告业市场总体规模已跃居世界前列。

商品促销离不开广告，企业形象也需要广告宣传，市场经济发展与广告业密不可分。广告不仅是国民经济发展的"晴雨表"，也是社会精神文明建设的"风向标"，还是构建社会主义和谐社会的"助推器"。广告作为文化创意产业的关键支撑，在国际商务活动交往、丰富社会生活、推动民族品牌创建、促进经济发展、拉动内需、解决就业、构建和谐社会、弘扬传统文化等方面发挥着越来越大的作用，已经成为我国服务经济发展的重要的绿色、朝阳产业，在我国经济发展中占有极其重要的位置。

当前，随着世界经济的高度融合和中国经济国际化的发展趋势，我国广告设计业正面临着全球广告市场的激烈竞争，随着发达国家广告设计观念、产品、营销方式、运营方式、管理手段的巨大变化及新媒体和网络广告的出现，我国广告从业者急需更新观念、提高技术应用能力与服务水平，提升业务质量与道德素质，广告行业和企业也在呼唤"有知识、懂管理、会操作、能执行"的专业实用型人才；因此，加强广告经营管理模式的创新、加速广告经营管理专业技能型人才培养已成为当前亟待解决的问题。

由于历史原因，我国广告业起步晚，虽然发展得非常快，但目前在广告行业中受过正规专业教育的人员不足5%，因此使得中国广告公司及广告作品难以在世界上拔得头筹。根据中国广告协会学术委员对北京、上海、广州三个城市不同类型广告公司的调查表明，在各方面综合指标排行中，缺乏广告专业人才居首位，人才问题已经成为制约中国广告事业发展的重要瓶颈。

针对我国高等职业教育"广告和艺术设计"专业知识老化、教材陈旧、重理论轻实践、缺乏实际操作技能训练等问题，为适应社会就业急需、满足日益增长的广告市场需求，我们组织了多年在一线从事广告和艺术设计教学与创作实践活动的国内知名专家教授及广告设计公司的业务骨干共同精心编写本套教材，旨在迅速提高大学生和广告设计从业者的专业素质，更好地服务于我国已经形成规模化发展的广告事业。

本套系列教材定位于高等职业教育"广告和艺术设计"专业，兼顾"广告设计"企业职业岗位培训；适用于广告、艺术设计、环境艺术设计、会展、市场营销、工商管理等专业。本套系列教材包括《广告学概论》《广告策划与实务》《广告文案》《广告心理学》《广告设计》《包装设计》《书籍装帧设计》《广告设计软件综合运用》《字体与版式设计》《企业形象(CI)设计》《广告道德与法规》《广告摄影》《数码摄影》《广告图形创意与表现》《中外美术鉴赏》《色彩》《素描》《色彩构成及应用》《平面构成及应用》《立体构成及应用》《广告公司工作流程与管理》《动漫基础》等24本书。

本套系列教材作为高等职业教育"广告和艺术设计"专业的特色教材，坚持以科学发展

观为统领，力求严谨，注重与时俱进；在吸收国内外广告和艺术设计界权威专家学者最新科研成果的基础上，融入了广告设计运营与管理的最新教学理念；依照广告设计活动的基本过程和规律，根据广告业发展的新形势和新特点，全面贯彻国家新近颁布实施的广告法律法规和广告业的管理规定；按照广告企业对用人的需求模式，结合解决学生就业、加强职业教育的实际要求；注重校企结合，贴近行业企业业务实际，强化理论与实践的紧密结合；注重管理方法、运作能力、实践技能与岗位应用的培养训练，采取通过实证案例解析与知识讲解的方法；严守统一的创新型格式化体例设计，并注重教学内容和教材结构的创新。

本系列教材的出版，对帮助学生尽快熟悉广告设计操作规程与业务管理、毕业后能够顺利走上社会就业具有特殊意义。

编委会

Editors

编委会

主　任：牟惟仲

副主任：

王纪平　吴江江　丁建中　冀俊杰　仲万生　徐培忠　章忆文

李大军　宋承敏　鲁瑞清　赵志远　郝建忠　王茹芹　吕一中

冯玉龙　石宝明　米淑兰　王　松　宁雪娟　王红梅　张建国

委　员：

刘　晨　徐　改　华秋岳　吴香媛　李　洁　崔晓文　周　祥

温　智　王桂霞　张　璇　龚正伟　陈光义　崔德群　李连璧

东海涛　翟绿绮　罗慧武　王晓芳　杨　静　吴晓慧　温丽华

王涛鹏　孟　睿　赵　红　贾晓龙　刘海荣　侯雪艳　罗佩华

孟建华　马继兴　王　霄　周文楷　姚　欣　侯绪恩　刘　庆

汪　悦　唐　鹏　肖金鹏　耿　燕　刘宝明　幺　红　刘红祥

总　编：李大军

副总编：梁　露　车亚军　崔晓文　张　璇　孟建华　石宝明

专家组：徐　改　郎绍君　华秋岳　刘　晨　周　祥　东海涛

文字既是人类历史的积淀，也是人类文明历程的再现。文字作为广告的核心和文化交流的主要工具，在传递信息、传播思想、表现意识、沟通心灵等方面具有不可替代的作用。广告离不开文字，文字主宰着广告；字体离不开设计，广告的字体效果需要创意和版式设计。广告视觉信息传达的不仅是信息，而且能为商家企业赢取利润，更重要的是起到了提高艺术修养的作用，一个优秀的设计作品能够使消费信息变成一种精神享受。

设计文字的字体是一项极富挑战性的工作，它既要继承传统文字的结字方式，又要融会贯通时代的特征；既要顾及文化的差异，又要考虑统一的视觉形式；既要考虑设计文字的视觉美感，又要兼顾文字的使用环境。我们在写作中将《字体设计》与《版式设计》两个独立的内容合二为一，强化了它们彼此间密不可分的交融性，让读者既能够掌握字体与版式设计的基本知识，又可以形成完整的"字体与版式设计"思维，并着重将市场因素、字体所服务对象的特殊要求、创意的独特性等融入本书内容之中，增强了字体设计的独立应用能力及版式设计的统合能力。

全书共十章，以学习者应用能力培养为主线，结合"字体与版式设计"发展的新形势和新特点，针对高职高专院校广告艺术设计专业应用型人才的培养目标，以字体与版式设计为导向、以计算机软件操作为载体，根据广告字体与版式设计软件综合运用的基本原则、过程与规律，系统介绍了字体与版式设计原理、类型、方法、程序、计算机辅助设计等基本理论知识，通过实例解析讲解字体与版式设计的设计流程和操作步骤，以强化应用技术与实用技能的训练，并注重教学内容和教学方式的创新。

本书作为高职高专教育广告艺术设计专业的特色教材，既注重系统理论知识的讲解，又突出实际操作技能与从业训练，力求做到课上讲练结合，重在流程和方法的掌握；课下会用，能够具体应用于广告和艺术设计的实际工作之中；这将有助于学生尽快熟悉业务操作规程，对于学生毕业后顺利走上工作岗位具有特殊意义。

由于本书融入了字体与版式设计最新的教学理念、注重与时俱进，并且具有结构合理、流程清晰、叙述简洁、案例经典、图文并茂、通俗易懂、强化规范设计、实用性强等特点，同时采用了新颖统一的格式化体例设计；因此，本书既适用于专升本及高职高专院校广告艺术设计专业"字体与版式设计"课程的教学，也可作为广告企业和艺术设计公司从业者的职业教育与岗位培训教材，对于广大社会自学者来说也是一本有益的参考书。

本书由张璇主编并统稿，龚正伟和刘海荣为副主编。具体作者分工为：张璇编写第一章；吴俊哲、李迪编写第二章；张连红、樊桂海编写第三章；卿俊涵编写第四章；樊桂江编写第五章；程维红编写第六章；张丹编写第七章；张森峰编写第八章；龚正伟编写第九章；张军编写第十章；罗慧武负责本教材课件的制作。

在本书的编写过程中，我们参考并借鉴了大量国内外有关字体与版式设计等方面的最新资料，精选并收录了具有典型意义的案例，并得到编委会专家的细心指导，在此致以衷心的感谢。为方便教师教学和学生学习，本书配有教学课件，可以从清华大学出版社网站免费下载使用。

本书第一版于2009年出版，多年来受到广大读者的喜爱，多次印刷。尽管作者都具有扎实的设计和教学功底，且写作态度严谨，编辑在审读及编校等工作上亦颇费苦工，但因本书长达四百多万字，经纬绵密，且首版出书时间紧迫，难免留下一些遗憾。鉴于此，我们决心对《字体与版式设计》进行全面修订，出版第二版。

第二版参考专家及读者的意见，对全书进行了全面谨慎的梳理和修订。修订的重点主要在以下四个方面：一是增加了许多图例，图解更翔实、实例更丰富；二是整合了理论文字，去掉冗长及重复的知识内容，条理更清晰、明确；三是增加了新的知识内容，如关于手机APP界面设计的知识和实例。四是版式更精美，全书改为全彩色，以便更好地体现图例的效果。说明：本书所采用的图片和创意等素材，均为所属公司、网站或个人所有，本书引用仅为说明(教学)之用，绝无侵权之意，特此声明。

因水平所限，本次修订工作难免会有不足乃至失误之处，恳请读者包涵，并能一如既往地提出宝贵意见，使这本书通过不断打磨，臻于完善。

编　者

Contents

Contents

目 录

Contents

目 录

Contents

第一章

字体设计的概念

学习要点及目标

- 了解字体设计的概念。
- 了解汉字字体的形成与发展。
- 了解汉字的结构与特点。
- 了解中国字体设计的大趋势。

现代社会已进入工商业发展突飞猛进的时代，产品的竞争、生活的美化，已与人类的日常生活息息相关。作为传导思想感情的媒介——文字的美化，随着人类文明的进步已跃居成为人们研究的重要课题。

引导案例

01

汉字的产生和发展

文字是人类思想感情交流的必然产物。随着人类文明的进步，它由复杂到简单，逐步形成了科学、完美而规范化的结构。它既具有人类思想感情的抽象意义与韵调以及音响节律，又具有结构完整、章法规范而又变化无穷的鲜明形象。尤其是象形文字，更是抽象与具象的紧密结合，其文字的本身就可以被认为是一种完整的美术设计。例如，休息的"休"字由"人"与"木"组成，像是人在树下乘凉的样子；休的本意是歇息，也有止息的意思，这就是休息、罢休等词的由来，如图1-1所示。

图1-1　汉字的演变

字体设计属于设计的一种，比美术字又多了一层设计的含义。字体不仅在乎于形，也在乎于字体本身的优美感觉，这种追求美感的文字被称为字体设计。有人认为，随着计算机时代的来临，我们完全可以不用写字，只要打印即可，以至于很多传统的手工艺术都面临着危机。那么文字的未来会怎样？我们又该如何面对e时代呢？

其实，汉字作为中国文字经历了五六千年的沉淀和积累，不但不会消失，相反，在信息时代将更加紧密地与我们的生活交融在一起。现在，我们不仅将汉字成功地应用于计算机，而且会把计算机作为传播工具，将汉字发扬光大，使汉字成为我国设计领域中珍贵的文化遗产。

第一节 字体设计的含义

字体设计是运用装饰手法美化文字的一种书写艺术，字体设计在现代视觉传达中被广泛应用，并且以它特有的感染力起着美化人们生活的作用。无论在何种视觉媒体中，文字和图片都是其两大构成要素。文字排列组合的优劣将直接影响其版面的视觉传达效果。因此，文字设计是增强视觉传达效果、提高作品的诉求力、赋予版面审美价值的一种重要构成技术，如图1-2所示。

01

图1-2 文字设计

众所周知，我国是一个多民族的国家，文字的种类也很多，其中汉字是我国使用最广泛的文字，现在所讲的字体设计就是在汉字的基础上装饰加工而成的。字体设计虽然种类繁多且千变万化，但是基本可以分为两大类：基本字体和创意字体。

基本字体又分为宋体、黑体和圆黑体，它们在结构和规律上是一致的，只是笔形有所不同；而创意字体设计是依据基本字体变化而来的。掌握基本字体后，创意字体设计也就容易学习了。在学习创意字体设计之前，首先介绍汉字的历史，这样有利于我们更深刻地了解汉字。

第二节　汉字的历史

汉字字体的形成与发展是与中国文字的诞生和发展联系在一起的。关于中国文字的起源说法不一，其中最具代表性的有"结绳记事说""河图八卦说""仓颉造字说"等。 无论是怎样的传说，都是指具体的一个朝代或一个人。但是实际上，汉字的真正起源是由劳动人民集体创造出来后，经官吏或巫师整理、加工而成的。因此，"结绳记事说""河图八卦说""仓颉造字说"只能认为是文字起源的传说。图1-3所示分别为"结绳记事说""河图八卦说"和"仓颉造字说"。

(a) "结绳记事说"　　　　(b) "河图八卦说"　　　　(c) "仓颉造字说"

图1-3 文字起源的传说

汉字产生于原始社会末期，至今已有五六千年的历史。从比较成熟的甲骨文算起，也已有三千多年的历史。从甲骨文产生至今，汉字字体发展经历了古文字和今文字两大阶段。其中，古文字阶段可分为甲骨文、金文、大篆和小篆四个阶段；今文字阶段可以分为隶书、草书和楷书等几个阶段。

一、甲骨文

甲骨文是三千多年前殷商时代通行的文字。甲骨文主要记录商代王室贵族有关占卜活动的内容，因为文字是刻在龟甲和兽骨上面的，所以称为甲骨文。甲骨文的主要特点是：图画特征明显，由于是用刀在龟甲和兽骨上刻写的，因此，笔画比较细瘦，字形大小不一，如图1-4所示。

二、金文

图1-4　甲骨文

金文又叫钟鼎文，它是西周及春秋时代浇铸在青铜器——钟鼎、生活用品、武器等上面的文字。古代称青铜为金，所以后世称青铜器上的文字为金文。金文主要记录的是统治者祭祀、分封诸侯、征伐及器主的功绩等内容。金文的主要特点是：笔画肥大厚实，结构、行式趋向整齐，图画特征明显减少，文字符号特征有所加强，如图1-5

所示。

(a) 图画特征减少　　　　　　(b) 趋向整齐　　　　　　(c) 文字符号特征加强

图1-5　金文特点的转变

三、大篆

大篆是春秋战国时期秦国流行的汉字字体。大篆这种字体是从西周金文直接发展而来的，其形体及结构特点与金文大致相同，变化小而规范，可以从中清晰地看出汉字字体发展的痕迹。大篆的主要特点是：字形整齐匀称，笔画粗细一致，趋于线条化，比金文前进了一大步，如图1-6所示。

图1-6　大篆

四、小篆

小篆是秦国统一六国后通行于全国的标准字体，形体偏长，匀圆齐整，由大篆衍变而成。秦始皇统一六国后，实行"书同文"的政策，以秦国流行的大篆作为整理汉字的基础，修改大篆的笔画和结构，使之更加简易、规范，从而使原来纷繁复杂的汉字字体统一起来，有了共同的标准。这种统一的字体就是小篆。小篆是我国历史上第一次汉字规范化的产物，在汉字发展史上具有十分重要的地位。小篆的通行结束了自甲骨文以来一千余年汉字形体纷繁、写法多样的混乱局面。小篆的主要特点是：笔画、结构简易规范，字体、字形高度统一，如图1-7所示。

图1-7　小篆

五、隶书

隶书是出现于战国，形成于秦代，在民间广泛流传的一种字体。秦代的一些下层办事人员，为了省时、快速，在抄写东西时不完全按照小篆的笔画和结构书写汉字，从而逐渐形成一种新字体。因为这种字体多为下层官吏和徒隶等使用，所以被称为隶书。在秦代，隶书只对小篆起辅助作用，正式场合仍然要用小篆。

到了汉代，隶书终于发展成为一种全新的汉字字体，并且取代了小篆成为通用字体。隶书的主要特点是：完全打破了小篆的结构，形成了点、横、竖、撇、捺等基本笔画，笔画讲究波势挑法；结构匀称，棱角分明，字形扁方，整齐美观；图画性完全消失，字体完全符号化。因此，隶书是汉字发展史上的一个转折点，是古今文字的分水岭，如图1-8所示。

(a) 演变过程1

(b) 演变过程2

(c) 演变过程3

图1-8　隶书的演变过程

六、草书

草书是汉代为提高书写速度在隶书的基础上形成的一种字体。据说，草书得名于打草稿，"草"有"草率""潦草"之意。草书主要运用于日常书写，正式场合(如公文、布告等)仍然要用隶书。草书一般分为章草、今草和狂草三种。章草形成于东汉初年，其特点是笔画相连，但字字独立，容易辨认；今草产生于东汉末年，其特点是笔画相连，而且字字相连，书写十分潦草，有时一个字只保留一点轮廓，许多不同的偏旁，如竹字头、心字底、四点底，都写成一个形状，辨认十分困难；狂草产生于唐代，是在今草的基础上发展起来的，其特点是书法家任意挥洒，随意增减笔画，字如龙飞凤舞，一般人很难辨认。

汉末到魏晋时期的草书还带有隶书的味道，到了东晋，经过王羲之的"变体"才脱胎换骨。唐代草书趋于成熟并出现了大家。由于草书实在难以辨认，所以逐渐失去了文字的使用价值，现在只能作为汉字特有的一种书法艺术而存在，如图1-9所示。

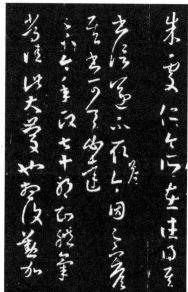

图1-9 草书的几种样式

七、楷书

楷书又叫正书、真书，是出现于东汉、成熟并通行于魏晋、一直沿用至今的标准字体。"楷"是楷模的意思，意即楷书可以作为书写的楷模。楷书继承了隶书结构上的特点，同时吸收了草书笔画简单的优点。楷书的主要特点是：去掉了隶书的波势挑法，笔画十分平直，字形比较方正，结构显得紧凑，字的笔画大大减少。楷书如图1-10所示。

八、行书

行书的产生稍后于楷书，是介于草书和楷书之间的一种字体。东晋的"书圣"王羲之尤其擅长行书，其代表作是《兰亭集序》，号称"天下第一行书"。在行书方面，宋代的苏轼、黄庭坚、米芾、蔡襄也很有名。

　　行书的书写比楷书灵活流畅，辨认比任意挥洒的草书容易，因此，运用十分广泛，具有较高的使用价值。行书现在已成为与楷书印刷体相对的一种字体——手写体，具有与楷书同等重要的作用，人们日常书写时一般都使用行书，如图1-11所示。

01

图1-10　楷书 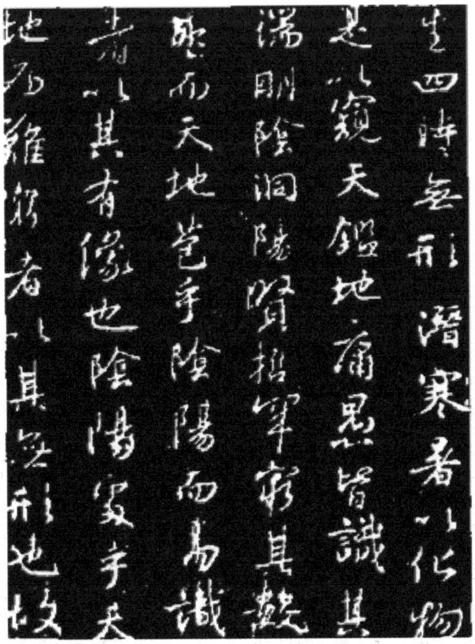　　　　　　　　　　　　　　　图1-11　行书

　　上述字体的演变过程就像人从小孩成长为一个大人的过程一样，这是从字体发展所经历的过程的角度阐述了汉字发展的几个主要阶段及其特点。下面将介绍汉字发展过程中字体结构的变化。

第三节　汉字结构的变化

　　汉字发展到楷书以后，字体就基本上稳定了。汉字内部的变化最主要的是笔画的简化。汉字简化的方法主要有以下六种情况。

　　1．草书楷化

　　草书楷化，即以楷书的笔法书写草书字体，形成简体字。例如：長—长、專—专、門—门、馬—马、為—为、當—当。

　　2．更换偏旁

　　更换偏旁，即把笔画多、结构复杂的偏旁更换为笔画少、结构简单的偏旁。例如：鄧—邓、撲—扑、潔—洁、擁—拥、療—疗、億—亿。

3．保留局部

保留局部，即保留原字的某一部分偏旁，其余删除。例如：開—开、豐—丰、務—务、奮—奋、聲—声、醫—医。

4．同音替代

同音替代，即用笔画简单的同音字来代替繁体字。例如：隻—只、幾—几、齣—出、穀—谷、後—后、纔—才。

5．另造新字

另造新字，即另外创造结构简单的字或从古代文献中找出异体字来替代原字，例如：筆—笔、體—体、塵—尘、竈—灶、叢—丛、頭—头。

6．采用古体

采用古体，即有些字由于字义分化，或为了突出字义而加上表义偏旁，现代又去掉偏旁。例如：雲—云、電—电、氣—气、採—采、從—从。

简体字相对于繁体字而言，是在繁体字的基础上形成的笔画少、结构简单的汉字。绝大部分简体字的读音、意义与繁体字相同，但是也有一小部分简体字与繁体字在意义和用法上不完全对应，尤其是同音替代的简体字，往往一个字代表了几个原来不同的字。如果在一些特殊场合需要使用繁体字时，注意不要机械地繁简对应，以免弄错。

例如，"后"的本来意义是指君王、皇后、太后，后人又用它代替同音的繁体字"後"，因此，如果需要使用繁体字，只有"前后""落后"这类词语可用繁体字"後"，"皇后""太后""母后"一类词语中的"后"不能使用繁体字。

01

第四节　汉字的特点

在世界所有的文字体系中，汉字是比较独特的，它是世界上为数不多但仍被广泛使用的象形文字。今天的汉字已经经历了数千年漫长的岁月，经历了多次的变革和演变。汉字从诞生到规范，按其演变发展的过程来分，主要经历了古文、篆书、隶书和楷书四个阶段。认识汉字的特点有助于正确使用汉字。

一、汉字在语音上表示音节

汉字记录汉语是用整个字形与语音相联系的，一个汉字(除儿化韵)代表一个音节。虽然汉字代表音节，但其与音节之间并没有一对一的对应关系。汉字与音节的联系有三种情况：一字一音(例如"水、森")、一字多音(例如"朝：cháo、zhāo")、一音多字(例如"dàn：但、蛋、弹、淡、惮、氮、旦、诞、澹、啖、殚")。汉字与汉语音节的这种对应关系符合汉语语素单音节的特点。

二、汉字在意义上代表语素

汉字记录汉语基本上以语素为单位。汉语的语素以单音节为主要形式，而汉字代表音节,所以,从语音形式上来看,汉字与汉语的语素正好相适应,一般情况下,一个汉字就代表一个语素。汉字同语素的联系主要有三种情况:一字一素,例如"我、山";一字几素,例如"米:①大米、小米;②厘米、毫米";多字一素,例如"蛐蛐、从容、玻璃、坦克、呼和浩特"。

三、汉字内部构造有理据性

汉字的理据就是汉字构成的道理和依据。一个汉字为什么是这种构造而不是那种构造,这是有一定的道理和依据的。例如:"一"和"三"用笔画表示相应的数目;"尘"用一个"小"和一个"土"字组成,小土表示"尘土"这个意义;"清"用"氵"表示这个字的意义同水有关,用"青"表示这个字的读音。又如:"众"用三个"人"字构成,表示人多;"森"用三个"木"字构成,表示树木多,如图1-12所示。

图1-12 "众"和"森"的构造

认识汉字的理据性,有助于正确读、写汉字,有助于正确理解汉字的意义。但是,由于字体的发展和简化,同时也由于社会的发展,汉字的理据在现代汉字中已不那么明显了,有些字的构造不完全反映理据性。例如:"又"的本义是"手",在"取、友、受"等字中具有理据性,在"叹、汉、权、仅、邓、劝、欢、戏、对、鸡、观"等字中只是一个符号,与字音、字义均无关系;"杯"从"木"中可以看出古代的杯子是用木头制作的,而今天的杯子大多与木无关;"镜"从"钅"中可以看出古代的镜子与金属有关,可是今天的镜子并不是金属制作的。

第五节 现代科学与艺术对字体设计的影响

在现代社会中,任何设计形式的出现和要求都不可避免地受到它所产生的时代和地区的影响。现代社会科学发达,艺术表现形式多种多样,字体设计的表现也难免受其影响。众所周知,独特风格都出现在最主要的历史时期,那时的社会富有、思想活跃,带来了设计形式的开放,也反映了时代的潮流和品位,设计风格随时代的变化而有所不同。但是,并不是所有的设计风格都能同时代的品位并存,只有那些能引起模仿或者修改的、符合当时需求的形式才能保持下来。

19世纪前期的维多利亚时代是充满活力与乐观主义精神的时代,自由浪漫的思想带来了多样、抒情、浮华、复杂的装饰风格;20世纪初开始的包豪斯的功能主义浪潮席卷全球,简洁、清晰、实用的特点深入到设计领域;20世纪50年代在世界异军突起的瑞士,现代图形设计运动明确了现代字体设计的任务与功能,这一运动强调以最客观、明确而有效的视觉语言传播信息，极大地推动了文字设计的发展与深化……所有这些丰富的设计遗产都为我们提供了精彩的风格、素材和创意源泉，如图1-13所示。

从人类思想和文化发展的一般规律来看，任何一种设计思想和学说体系都应与时代相符。然而，当一种设计思想体系被确立为指导思想且容易演变为教条主义时，当一个设计的创新精神被抑制时，强调与时代相结合就十分有必要了。现代设计思想本来就是与时俱进的，这是常识。值得一提的是，现代设计理论在其发展过程中曾被教条化，在这种情况下，若要站在时代的前沿，体现时代的先进性，就必须具有与时俱进的创新精神。

图1-13　"维多利亚"艺术字设计

随着当今科学技术的进步，计算机技术以日新月异的速度高速发展，各种设计软件应运而生，数字化图像已经不再是可望而不可即的梦想，过去繁杂枯燥的设计过程现在变得容易而有趣。目前较为常用的设计软件有：Photoshop、CorelDraw、Illustrator、Freehand、3D MAX等，它们为今天的字体设计带来了极大的方便，使设计师设计制作的字体图像更富创意与表现力，无论是平面的还是立体的字体，在人性化的界面中均得以精彩地展现，为标准化制作提供了快速、准确的技术保障。

设计软件中的一些"工具"对字体设计是非常有用的，例如：Photoshop的图层(Layer)能使字体产生前后关系；滤镜(Filter)的各种技巧能使字体产生不同的特殊效果；通道功能(Channel)能够制造出浮雕、金属等效果。如果将几种"工具"结合使用，可获得令人兴奋的精彩效果和质感。如果想制造出更为逼真的三维字体，可采用3DMAX、ULER、Maya等软件，这些软件均集合了先进的动画及数字效果技术，以其强大的三维功能在影视、视频、游戏、广告设计、工业设计、娱乐、多媒体制作以及网上应用等领域占据十分重要的位置，深受广大设计师的喜爱。字体设计效果图如图1-14所示。

体现时代性也就是反映时代精神。所谓字体设计体现时代精神，就是要抓住字体设计能够体现具有普遍性和长期性特点的问题以及人们共同关注的问题。普遍性的问题从空间上体现时代精神，长期性的问题从时间上体现时代精神，人们共同关注的问题从认识主体方面体现时代精神。一般来说，凡是具有普遍性和长期性特点的问题以及人们共同关注的问题，大都是时代精神的反映。

当今世界设计领域正在发生重大而深刻的变化，中国设计领域变革正在不断地推进，所有这些都要求中国设计师首先要总结实践的新经验，借鉴当代人类文明的有益成果，在理论上不断扩展新视野，做出新概括；其次是要站在时代前列，勇于创新和善于创新；最后是要善于在创新思想中统一观念，用发展的设计理论指导新设计实践。只有以现代设计理论为指导并配上现代化的设备，字体设计表现才能创造出前所未有的视觉效果。

图1-14 电脑设计字体效果

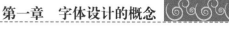

优秀字体设计作品欣赏

点评：此作品是国庆60年庆祝活动标志。作品以数字"60"为主体，色彩采用国旗的红黄两色。红色是中国传统喜庆之色，代表了无数革命先烈为建立新中国浴血奋战的献身精神；黄色是中华民族的代表色，象征着祖国光辉灿烂的前程。活动标志中的"6"字圆润饱满，寓意祖国和谐发展，彰显民族奋发向上；"0"字突出喜庆祥和，象征各族人民大团结，其中嵌有的五星、天安门造型以及"1949—2009"字样代表着中华人民共和国60年的光辉历程。活动标志简洁庄重、寓意深厚、喜庆祥和，突出体现了共和国喜迎60周年华诞的主题。

01

点评：作品随意地手写，歪斜字体，让人感到可爱、轻松、愉悦。

点评：此作品简约而不简单，大气而不失时尚，黑色与白色搭配对比强烈，豪气与细腻结合得恰到好处。

点评：此作品运用黄黑两色搭配，格调欢快、夺目、炫彩，直抵心灵，主题突出。

点评：此作品设计成功的关键在于笔画之间的细微处理，这款字体不同之处就是突破字体本身的字形，讲究的是如何组合才能使笔画之间平行，从而让字体更加美观，让看似简单的字体重获新生。最后效果处理中加强其立体感，让"致遥"二字更加有分量。

点评：此作品在字体造型方面采用的是比较方正的字体，在每个字的细节转变上都倒了圆角，横竖的设计十分流畅，四个字组合在一起让人看了十分舒服，运用科技含量很高的颜色，在普通中彰显出不普通之处。

点评：此作品字体风格上保留了儿童图书欢快调皮的卡通特点，字体弯曲，但又不显得杂乱，羽毛装饰让字体显得更加生动，颜色上大胆地采用很鲜艳的色系，整体风格活泼。

点评：此作品在字体上加入了动感的设计元素和一些音乐设计元素，让它看起来活力四射；四个字连接起来也有整体感，让人觉得音乐已经融入了字体。

点评：字体结合数码的特性和生活的味道，让人感觉轻松、有活力，设计风格略微带一点卡通，可以更好地贴合主题。

点评：此作品主要创意元素在"修"字和"线"字上面，"修"的偏旁我们体现Ti，也就是iT两个字母；"线"我们体现的是箭头元素，予以上升的意思，看起来活跃一些；蓝色和绿色的结合让人产生愉悦的感觉。

点评：字体设计给人感觉比较和谐，体现了麦香的意境，颜色运用灵活，视觉冲击力强。

点评：此作品是为凯普尔照明设计的，在LOGO设计上用传统的灯泡作为外形，灯丝进行了创意设计，使用的是心形元素，两颗心结合在一起，体现了产品的一大卖点以及对人们的关心程度，让LOGO和产品与用户拉近距离，使标志发挥最大的作用。

在字体设计方面设计了两种风格：硬朗、柔软，看起来简洁、干净，符合作为一个公司LOGO的要求。除图形标志外，英文字体加上中文字体搭配出来的效果也非常漂亮、高端。

（参考网站：字体中国，http://www.font.com.cn/fontzd/）

1. 汉字结构的变化有哪几种？各有什么特点？

2. 汉字字体发展经历了哪几个阶段？

为某音乐网站设计水晶字

项目背景

文字在我国有着悠久灿烂的历史，现代社会中字体设计也在各行各业中广泛应用。某音乐网站需要红绿蓝设计公司为其设计水晶字。

项目要求

使用Photoshop设计一个300×300像素大小的水晶字。

小提示：水晶字体通常能表现出活泼的效果，通常在音乐、个性服饰、特色论坛的页面中显示。另外，通过调节混合选项中的色彩，将其改为同色系不同色调的色彩，可以得到多种效果。

项目分析

字体设计往往是根据文字本身的含义或特定场合进行设计制作的，这个广告是为了让更多的人了解该音乐网站的内容和特色，让浏览者对此感兴趣。通过对文本进行精心的设计，可以使页面的可视性得到加强，能使页面更具视觉冲击力。

01

第二章

现代字体设计新思维

学习要点及目标

- 了解字体设计创造性是怎样体现的。
- 掌握字体设计的原则和风格。
- 了解字体设计在企业形象设计中运用的原则。

在科学技术和文化艺术飞速发展的今天,字体在现代生活中起着越来越重要的作用,并且随着字体设计理论和技术的发展以及人们艺术欣赏水平的逐步提高,字体的应用范围也变得更为广泛。字体以其视觉化的图形语言向人们传递信息,给人以美的艺术感受。优秀的字体设计能够增强平面设计作品的视觉传达效果,提高作品的诉求力度,赋予作品更高的审美价值。

引导案例

文字视觉语言

在现代视觉传达领域中,文字是构筑信息的基本元素。而当文字由叙述向表现提升时,文字的力量在以视觉为导向的平面版式设计中非但没有减弱,反而空前加强并与版面中其他构成元素共建互动界面,成为传达信息与深化概念不可或缺的视觉要素,在平面视觉语言的舞台上展现自己的个性魅力。当今的设计工作者已不再满足于那种以往使用的"传统字体",而是逐渐展开对新型字体的追求以及在编排上赋予文字新的应用价值与审美观念。

当今的文字大量应用于商业视觉传达领域,所传递的信息需要清晰、直观,这样的环境更加需要新的创意思路,设计师必须在以字体为主要造型语言的基础上,努力寻求适合辅助主题的各种表现契机,从而使文字获得新颖的视觉表现力。

近年来,一些设计作品在文字的设计上注重形意结合,通过以"意"造型、以"形"表意之间的巧妙吻合,使文字完成由"意"到"形"的视觉转换,进而形成文字视觉语言个性化的表现形式。图2-1所示即是文字造型运用形与意的互相借用进行转化,在保持文字字型的同时,将"鹤寿"的左边"撇"转换为动物鹤,在字的笔画上借用较具象的图形,形成以形表意的精神内涵。在以文字为视觉造型元素的设计过程中,这是寻找文字设计切入点的有效手段。

在文字的设计过程中,一个更为显著的动向是文字的设计逐渐进入一种新的境界,即通过分解传统设计中的文字排列结构,进行破坏而有趣味的编排、重组,增强了画面的空间厚度,从而使版面具有更深的层次。如果说文字的应用与编排方式在传统设计中显得较为单一、呆板,那么现代字体的表现方式在应用舞台上则呈现出极大的灵活性,着力寻求视觉上的标新立异,以增强作品的活力与视觉冲击力。解决这一问题有效的方法就是从画面文字的构成形式与编排上进行深入,这样做既能突出产品的特点,又可以提升视觉的亮点。当然，不同的编排方式会给受众传达不同的视觉信息，如：文字与文字之间的大小、间隔、比例，以及文字点、线、面间灵活有机的编排，都会产生多种可能的个性化表现形式。

从传统的汉字字体结构中进行发掘，汉字的基本结构包含点、横、竖、撇、捺、挑、钩以及由它们组成的不可再分的折、拐等综合性笔画，看其形能"望文生义"，这是汉字所具有的独特象形性和会意性特质。因此，从结构上进行汉字的造型创意可从两个层面入手，即"形"的提取和"形"的构成。

在标志设计中，文字本身的创意显得更为重要，必须将复杂多样的各种企业信息进行整合与提炼，使文字设计既有新颖的造型，又具有与企业形象相吻合的风格特征，最终以简洁的视觉形式呈现高度的识别性。如"中国银行"的标志，其造型语言是利用汉字"中"所具有的象形性，结合古代鎏圆铜钱的图形构成，运用了简洁的符号形式表现出高度的识别性和形式感，这是设计师对中国文化的深刻理解与巧妙构思的结合，如图2-1所示。

(a) 文字形意转换　　　　　　　　　　　　(b) 中国银行标志

图2-1　文字视觉语言

在平面设计领域，文字设计不仅是对文字视觉形态的设计，而且重点在于综合使用。依靠文字形态变化进行版面有组织的编排，从而达到信息传达与视觉美感传达的兼容并蓄，这是现代艺术传播的重要手段之一。而如何选择切合主题的字体，文字间进行怎样的编排能呈现个性化的视觉语言，怎样才能达到较为合适的表现效果……这一切都包含在文字的实际应用过程中，围绕着如何"用字"的问题，几乎渗透到了平面设计领域的各个方面。

从视觉化、信息化、艺术化的角度来审视，文字通过编排产生的视觉语言在当今平面设计中呈现越来越丰富的表现形式。因此，发挥文字视觉语言的表现力度，是关系到视觉传达设计中信息传播实际效应的重要因素。通过对文字视觉特征的个性化设计，可以帮助受众把握视线的节奏来增强其对信息的感受力。因此，对文字视觉语言的个性化表现形式如同新的设计能源，有待于设计工作者持之以恒地开发与探索。

第一节　字体设计创造性的体现

汉字是记录汉语的文字，它已有三千四百多年的历史，也是世界上最古老的文字之一。

汉字从"仓颉造字"的古老传说，到100多年前甲骨文的发现，关于汉字的起源，中国古代文献说法很多。

一、汉字与图形

（一）记事绘图

记事绘图文字具有原始的象形和记录生活、自然的特征。《易经系辞下传》上早有记录"上古结绳而治"，在文字没有产生之前的上古社会，原始民族采用结绳的方法帮助记事，大事打大结，小事打小结，后来轩辕黄帝统一了华夏，感到结绳记事不够用了，就派史官仓颉去造字，仓颉从观察鸟兽脚蹄印迹能分辨鸟兽一事受到启发，观自然鸟兽之象取其特征，画出图像，造出了象形文字。仓颉造字虽为传说，但象形造字之法的确是先民历代积累而来的。

图2-2　象形文字

原始人类创始文字的最早尝试多是以图画为符号的方式，画画说事、画画记事，最初的"写字"就是画画，就是描摹自然。象形文字就是在画画的基础上发展而来的。因此，最初的象形文字并不在乎绘图的美丽与否，而是在乎绘的图是否能够说明"事"，是否能够传达想要表达的信息，图画的准确性体现了信息传达的准确性，所以绘图无论简与繁，都必须表达物象的特征。将所绘图形进行概括提炼，从而使象形文字具备了表达物象的特征、面貌的功能，经过历练发展，简练至符号化。从现代审美的角度来看，象形文字具有非常朴拙、自然的神韵。

如果现在来解读古老的象形文字和图画文字的意思，则虽有图画的信息辅助也很难读出它的发音和理解其准确的意思，但鲜活生动高度概括的物象以及万千特征的图画，使我们能够或多或少地理解它的某些用意。象形文字和图画文字的信息传播渠道时至今日依然畅通，我们依旧可以依图画解读它、欣赏它。作为人类社会早期的象形文字和图画文字，它承载着绘图记事，是保存信息的一种重要手段。绘图写字力求准确，而美观的象形文字如同人类祖先的留影，在一点一画中呈现出生活的印迹，如图2-2所示。

（二）节外生枝

汉字是属于表意体系的文字，字形和字义有着密切的关系。对汉字的形体结构做出正确的分析，对于了解和掌握汉字的本义和引申义，特别是对于阅读古代文化典籍有极大的帮助。汉字的结体、笔画中融合着形的神韵，每一个单体都是独立的形。在传统汉字图形的创作中，在文字的笔画之外添加图形，或由汉字的笔画延伸出图形，汉字的结体、笔画完整独立，延伸的图形产生新的意境，突破原有的汉字寓意，如同节外生枝生出新的变化，在传达新的信息时，与汉字本意、造型等相辅相成。

节外生枝如同执扇的古人，扇为人身外之物，执扇如同生枝，扇丰富了人的性格，美化了人的行为，因此汉字的节外生枝变化极大地丰富了汉字变化的特征。

宋代出现在皇帝、将帅印玺中的九叠文强化了字的笔画，由笔画延伸变化，每一笔都蜿蜒曲折，它在方块文字之中好像在无限增加线条，迤逦而行覆盖了整个画面。九叠文的节外生枝的变化，让笔画的变化填满了印玺有限的方块空间，产生了新的装饰属性。九叠文为典型的节外生枝汉字装饰。

汉字的变化空间是极丰富的，每一个汉字都传达出特定的信息，在汉字的本意信息之外，节外生出的新的信息创造出新的审美标准。这是只有具备丰厚象形基础的汉字才能做到的。汉字如同广袤的大地，任由文字的枝叶自由生长，如图2-3所示。

02

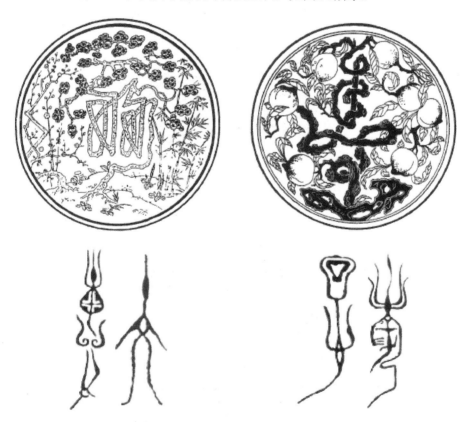

图2-3　汉字的"枝叶"变化

（三）万物融形

汉字发源于自然万物的象形描摹，由图画到象形文字，由象形文字产生现代的符号文字，在漫漫的历史长河中逐渐形成了以形表意、以意传情的字体构成，可以说文字是物象符号化、语言图像化的典范。汉字是从图形世界的模拟中一点一点走出来的。走出象形之后，文字中的图形逐渐模糊，符号化的特征替代了形象的元素，而汉字的精神世界依旧是象形的。

古人在汉字的运用中逐渐把汉字形象的本源特征重新表现出来，在字的笔画中融入了自然万物，如地上的鸟兽蹄的印迹、水中的蝌蚪、叶上的蚕虫、天空中的白云、月夜的星斗以及花、鸟、鱼、虫等都成为汉字新的外衣，笔画融形，变化出新的字体汉字，有着极强的包容性，借用自然万物重新拼缀文字的结构，笔画自然融合，生动而独具匠心，如图2-4所示。

图2-4　汉字与不同物象之形的融合

（四）图画结体

图画结体是指在文字结体笔画的内部添加图形，或是以图画组成结体的文字。文字在发展的过程中，线条越发简约化，文字也越发讲究结体之美，因书写而成的书法艺术品将中国文化的传统美学境界发挥到了极致，所以历代书法家对汉字的笔画结体不断研习，使书法艺术有别于绘画而成为一门独立的艺术。

汉字是起源于象形、由象形发展到符号化的结果。汉字在发展过程中，经历了图腾的装饰美化，对汉字的崇拜心理，无论是统治者还是普通百姓，都喜欢和善于利用汉字作为本体进行创作，从而寄托对自然、对生活的美好愿望，民间的能工巧匠从不放弃对汉字的装饰和美化。

用图画组成笔画，然后以图画笔画组成汉字。花、鸟、虫、鱼、生活万象都是图画的题材，只要图画形体适合于汉字的笔画都可以组成汉字；图画与文字的意境可以有联系，也可以风马牛不相及。如果图画处理得简洁得体，寓意明确，表现轻松，则图画结体的文字在阅读上没有丝毫障碍，如图2-5所示。

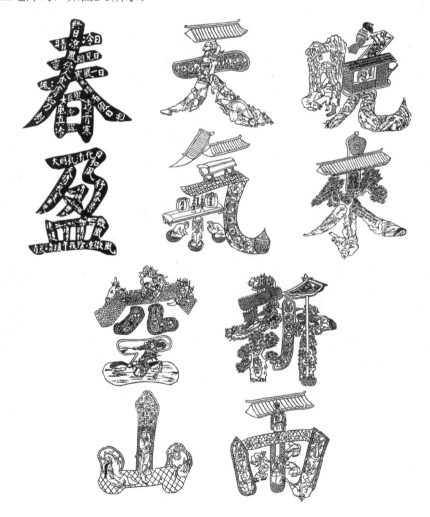

图2-5 图画结体文字

（五）添加图形

在文字之上，可以局部添加巧妙吻合文字笔画的图形。汉字是传情的，每个字都传达着特定的含义，可以说汉字是字字有画意。

随着汉字的发展，方块的汉字笔画越来越规范，轻松象形的结体逐渐被整齐统一的规范结构所代替。而民间的匠师不是如此认识汉字的，规范的形体不是他们心中汉字的形象。在他们的眼里，汉字是有情的，是丰富的，是有故事的，每个汉字都有自己的表情，而这些表情被匠师们悄悄地用花朵、虫鱼等生活化的形象加在了文字上，并用这些形象巧妙地替代了文字的某些笔画。实际上，现实中的花鸟虫鱼、山水草木、器具、建筑各有形态，如果从汉字的横、竖、撇、捺等笔画形象去与这些自然形态相比较，的确有许多巧妙的吻合。以吻合之形替代文字的笔画是一件非常有趣的事情，所以能工巧匠、乡村巧妇都用自己观察生活的眼睛、灵巧的双手去装饰美化汉字，使图画与文字兼容并蓄、相得益彰，如图2-6所示。

图2-6　在文字上添加图形

（六）藕口共生

藕口共生是指找出相同相似之形，巧妙组合。相互共用共生形在民间的传统纹饰中常有表现，典型的如"四喜娃娃""四子八童"图等，所采用的方式是共用形的相互借用，巧妙生动。

在传统的汉字图形创作上,这种共用共生形的创意方法也常有运用。从汉字的形体来看,同偏旁、同部首的文字很多,这就给了共用形表现提供了机会,围绕共用的偏旁,提取组合就能创作出作品。

常见的生动例子如:"唯吾知足"借口民俗花钱。借口民俗花钱是一种特殊的花钱。这一枚借口民俗花钱,正面巧妙地利用汉字的特殊结构,借助钱币中心的方孔组成了"唯吾知足"四个汉字。背面是篆书"纫佩"二字,系屈原《楚辞·离骚》中的缩句。原文是"扈江离与辟芷兮,纫秋兰以为佩。",寓清白廉洁之意,也有缩作"纫秋"(注:现代汉语词典对"纫佩"只作了"感激佩服"的现代注释)。

"唯吾知足"四字有一个共同的形就是每个字都有一个口字,而钱中间就有一个方口,以花钱中间的孔做口,周围加上四个偏旁:"隹、五、矢、止"共用口字,正吻合"唯吾知足"四字。世间万物皆有相同相似之形,以相似相同之形作为借口,共生共用巧妙地找出其中的相互联系的形态,夸张取合,相互利用借口就可产生。一个巧妙的借口、一个巧妙的构思来源于对事物的判断分析。我们从这一借口花钱中,不仅看到了汉字文化的神奇、微妙之处,而且"唯吾知足"四字所包含的深刻哲理,更是中华民族精神的优良传统和闪光之处,如图2-7所示。

图2-7 "唯吾知足"借口民俗花钱

(七) 咒符再造

用于驱邪纳福的咒符文字的产生伴随着人类对图腾的崇拜,对天地、自然及鬼神的敬畏,希望借助祭祀等活动驱除疾病;而文字则是各类祭祀活动中最好的传递符号,是人类与鬼神之间沟通的载体,于是产生了咒符。

咒符是人类希望用来驱使鬼神的文书,而这类文书非常人所能阅读。咒符文字通常是文字笔画的重新组合,有汉字的笔意,但无汉字的单独阅读性。据说,咒符是古代的真人留下的,真人在创作这些咒符时对汉字的笔画结体做了深入研究,然后重新组合,创作出也许只有真人才能阅读的文字，同时保留了咒符文字的神秘性。

咒符的名目繁多，创作之法也是千变万化的，通常咒符形态特点只有一个，那就是普通常人无法阅读。现在我们要看的这些咒符是很难理解里面的具体含义的，欣赏它只有一个原因——好看，如图2-8所示。

图2-8　咒符再造文字

（八）围合适形

围合适形是指改变笔画的曲直长短，适合特定之形。汉字的形体是方块，方块形简洁大方，适于组合，但有时方块形也有运用的障碍，因此，在特殊的形体空间里，方块形不得不进行改变。生活中的用品器物形体是多样的，在这些用品或器物上以汉字作为装饰，汉字必须适合于用品或器物的形态，因此往往需要汉字走出方块的框框以产生独特的美感。

围合适形必须改变笔画的曲直、长短，文字在适合的范围内重新结体，若有多字，则要考虑字与字之间的笔画组合、穿插，更要考虑整体的协调统一。围合在特定的形体里，在特定的空间里随机布局，适扁、适长、适圆、适方、适形而舒展。文字因适形而产生的结体之美源自汉字围合适形呈现的变化之妙。

（九）巧意文字

巧意文字就如一个游戏，拆散、重组、谐音、谐句、表情、表意都产生区别于文字本意的新的意境，其呈现的面貌是非常丰富的。汉字可言传可意会，理解汉字意境的感受是极为微妙的。有时利用汉字的形体特点和意境空间做巧妙的意境猜测，或利用文字本身的形体结构和读音表意进行调度组合可成为一个字谜，由此可生出新的解读。例如：山东泰山上有个石碑，碑上刻有"虫二"两个大字，细细解读后才知，原来这两个字取"風月"二字的字心，意为风月无边，这是一种游戏之举，能够启人智慧。又如，《三国演义》中有这样一个小故事：曹操在他刚落成的花园门上书一"活"字。众人不解，杨修曰：门内添活字，乃阔字也，丞相嫌门阔耳。以上均是以文字做游戏，但颇能玩味，由文字寓意

图2-9　"虫二"石刻

使人领略文化的乐趣，由此我们不得不佩服汉字意境的丰富。如图2-9所示为"虫二"石刻。

巧意文字不仅体现了文字的意境，而且往往表达得更深、更远、更为含蓄、更为有趣。

二、字体设计的发展趋势

新的字体设计发展潮流中有几种引人注目的倾向：一是对手工艺时代字体设计和制作风格的回归，使字体表现出一种特定的韵味，如字体的边缘处理得很粗糙，字与字之间也排列成高低不一的样式；二是对历史上曾经流行过的各种字体设计风格的改造，这种倾向是从一些古典字体设计中吸取优美的部分并加以夸张和变化，在符合实用的基础上，使设计的新字体表现出独特的形式美。例如，一些设计家将古典的字体简化，强化其视觉表现力度，并使其具有一定的现代感，如图2-10所示。另外，还产生了许多追求新颖的新字体，它们所具有的共性特点是字距越来越窄，甚至连成一体或重叠；字体本身变形也很大；有些还打破了书写常规，创造了新的连字结构；有些则单纯地追求倾向于抽象绘画风格的形式，如图2-11所示。

02

图2-10　抽象绘画风格　　　　　　　　　　　图2-11　新的连字结构字体

20世纪80年代以来，多媒体在设计领域逐步成为主要的表现与制作工具。在此背景下，字体设计出现了许多新的表现形式，例如：利用多媒体的各种图形处理功能，将字体的边缘、肌理进行种种处理，使之产生一些全新的视觉效果；运用各种方法或技术，将字体进行组合，使字体向图形化方面发展，如图2-12所示。

图2-12　字体设计在不同领域的表现

拓展知识

国外字体设计的发展

在西方国家，字体设计发展迅速。在以美国为经济中心的世界商品中不难看出，在很多产品包装上几乎都有英文字体的影子，这样更为平面设计者提供了广阔的思维空间和发展空间，尤其是字体设计方面。欧洲各国在欧洲经济一体化发展的同时，同样也对平面设计的发展提供了有利的条件，他们注意到在产品包装上不能单纯地依赖英文字体，而应将自己本民族的文字作为重点，这样可以在发展自己经济的同时，不断地将产品和民族文化一同推广出去，让整个世界了解自己的民族文化。

亚洲经济虽然受欧美经济和政治的影响，但是韩国和日本的商品经济正在日益摆脱这样的经济影响，这一点从其产品包装和宣传上都有所体现。他们更加强调民族特有的风格，将这种风格加入到商品包装的主要元素中，而且韩国和日本的设计者也在不断地提供为产品和商业宣传所应用的民族字体设计作品。图2-13所示为日本产品包装设计。

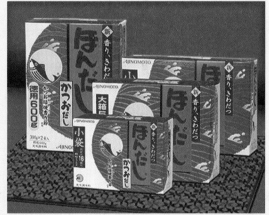

图2-13　日本产品包装中的字体设计

第二节 现代字体设计的原则和风格

文字的出现是人类进入文明时代的重要标志之一。历尽几千年的沧桑，文字不但是社会文化得以传承积累和发展的载体，而且字体本身也在蜕变中。

现代科学技术日新月异，各种可视传媒应运而生，但文字仍是其最重要、最稳定、最基本的元素。文字在日益频繁的信息交流中的应用不是越来越窄，而是越来越广泛，传统的、现成的字体已难以应对这种变化。因此，如何继承和发扬这份历史文化遗产，做到推陈出新，将文字字体的特有形态与魅力运用到现代设计艺术之中，以适应时代的需要，是一个迫切而现实的课题。

一、现代字体设计的原则

要了解汉字的设计，首先应对各种书写体做系统的了解，这样才能融会贯通、灵活应用。中国的书体，通常所说的有"正、草、隶、篆"四体，但由于工具特殊，各代书法家作书运笔神妙，出现了许多不同的变化字体，成为多种特殊的艺术造型。

（一）六种字体
中国字体从纯粹的绘画演变为线条符号而言，大致可分为下列六种字体。

1．古文
古文是指上古时代的象形文字，包括商朝的甲骨文和三代的金文两种。

2．篆书
篆书有西周后期的大篆和秦时的小篆二体。篆书，具有古代象形文字的古朴感，其图形的抽象趣味在近代的篆刻上常被艺术化。在现代的应用美术中，尤其是国内设计界多把篆书应用于贺年卡、请帖、徽章图案等设计中。

3．隶书
隶书源于秦代，取大篆与小篆的笔法，加以提炼整理而成。隶书不仅变秦以前字体的曲线为直线，变画为点，变圆为方，且逐渐脱离形进于意符。隶书的特点还有：①每个字有一处(横画与右捺)带有波势的装饰笔；②横画以右斜落笔书写。在广告设计里，凡公司、行号或展示会的全名设计(合成文字)常用隶书，可表现传统的权威感。

4．草书
草书是指有组织系统的简省字体。它创自汉初，其演变过程是先有"章草"，而后有"今草"，之后又有"狂草"。一般草书在造型上难被大众了解，又缺乏实用与易读性，不适用于一般文字设计。不过在用于感谢等需要表达亲切印象时，由于草书具有个性，即信赖、亲切、高雅等特性，用之得法也不失为一种好素材。

5．正书

正书又称"楷书"，糅和隶书、草书而成一体的一种书体，至今已成为一般书籍信件最通行的标准字。现在印刷活字的"正草"就是传统的"正书体"，它的笔迹有力，字画清楚，易读性最高。

6．行书

行书是正书的变体。中国文字自唐以后，极少变化，而行书就被认为是最流行的字体，一直沿用到现在，在实用美术上仍有崇高的地位。行书易识好写，实用范围广。目前社会上除了印刷及重要文字须用正书字外，日用文书一般都用行书书写。

（二）字形要正确

不同汉字或拉丁字母的构成，其笔画都是法定的，只要有一点一画不符，就会成为别字，轻则字义不同，重则不成其字，无人认得，完全失去了文字本身的作用。因此，字形要做到正确无误，既不能任意增加笔画，也不能任意减少或改变笔画。

（三）风格要统一

无论是拉丁字母还是汉字，字体笔画都必须统一。例如：写汉字时，不宜三笔隶体，两笔仿宋；写拉丁字母时，也不宜多种字体混杂组成一字；印刷体与手写体也不能在一字中混合运用，如图2-14所示。

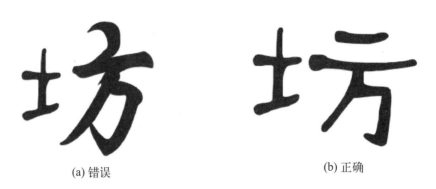

(a) 错误　　　　　　　　　　　　　　(b) 正确

图2-14　字体风格需统一

（四）字体表情要适应文字内容的精神

每一种字体都有它自身的表情，例如：黑体有醒目严肃的感觉；老宋、楷书有端庄刚直的表情；仿宋、行书有清秀自由的意趣；篆书有华贵古朴的风貌。又如：拉丁字母的花楷相当于汉字的左篆，具有华贵古朴之感；印刷体则相当于老宋、楷书，具有端庄明确的感觉；手写体则相当于仿宋、行书、草书，有轻松活泼的体态。因此，选择哪种字体作为设计美术字的基调，应该按文字内容的精神而定，这样才能表里如一，发挥出文字感染力的最大功能。至于变化形式，可以不拘一格，不管是笔画的长短、肥瘦还是曲直，我们均可自由规范，只要根据文字的固有结构变化就可以，甚至还可以进一步按透视法、立体投影、空心变化等手法，加强其装饰意义，使之美化，如图2-15所示。

童乐美术

图2-15 字体表情要适应文字内容的精神

（五）文字的间隔与编排

间隔与排列是字体设计好坏的重要环节。由于文字的笔画有多少之分，形态又各异，要把多变的形态安排得和谐美观，确实是一件极不容易的事。因为要达到均衡、统一的美，不是靠单纯、科学的计算就能解决的。我们知道，一切几何形象的构成都能造成视觉上的错觉，因此在制作时，除了依赖科学基础的方法作有规律的部署之外，还得以视觉直观所得到的美作为准绳，才能真正达到设计的完美效果。

带方框的字书写时，其方框要"故意缩小"些。带方框的字属于全包围结构，方框应比字形略小，这样写出的字与其他字才会大小匀称。如果方框跟字形大小一致，带方框的字则在视觉上会觉得特大，与整体不和谐。现以汉字"国"类字形的间隔和编排为例略做说明，"国"即属于全包围结构，所以不能写得满格，满格了，就会显得膨胀碍眼，应使框内空间基本布白均匀。

若是两个不均衡的字放在一起，也应相互借让，以求得协调为目的。字体的排列由于间距不同，字体风格不同，引起观者情绪上的变化也不尽相同。例如：排列松散的字母，具有拉大空间给人舒展的意味；排列适度的字母，可以给人平衡、安定的感觉；排列密集而紧凑的字母，则给人以紧张、集中、深沉的感觉。

拉丁字母的书写在组织结构上有严格的规范，其形象大体可分为三类：矩形、三角形和圆形。它们所占的空间各不相同，其中方形最大，圆形次之，三角形最小。我们应注意每个字母之间的比例和排列的关系，拉丁文字在实际编排创意中总是与具体表现的内容联系在一起，如在商品包装、广告招贴中均由商品品牌名称、产品使用说明、产品规格、产品质量、产品广告用语、产品制造商等多种内容组成。因此，在编排上述内容时，对字体的种类、大小、笔画的粗细、字母间距的疏密及字母位置的安排和视觉的平衡感等，都要充分考虑到文字的视觉冲击力，同时还要注意视觉流程，使之产生流畅的美感。

二、现代字体设计的风格

根据文字字体的特性和使用类型，文字的设计风格可以分为以下几种。

（一）秀丽柔美

字体优美清新，线条流畅，给人以华丽柔美之感。这种类型的字体适用于女性化妆品、饰品、日常生活用品、服务业等主题，如图2-16所示。

图2-16 秀丽柔美字体风格

（二）稳重挺拔

字体造型规整，富于力度，给人以简洁爽朗的现代感，有较强的视觉冲击力。这种个性的字体适合于机械、科技等主题，如图2-17所示。

图2-17 稳重挺拔字体风格

（三）活泼有趣

字体造型生动活泼，有鲜明的节奏韵律感，色彩丰富明快，给人以生机盎然的感受。这种个性的字体适用于儿童用品、运动休闲、时尚产品等主题，如图2-18所示。

图2-18 活泼有趣字体风格

（四）苍劲古朴

字体朴素无华，饱含古时之风韵，能带给人们一种怀旧的感觉。这种个性的字体适用于传统产品、民间艺术品等主题，如图2-19所示。

图2-19　苍劲古朴字体风格

（五）文字的可识性

文字的主要功能是在视觉传达过程中向消费大众传达作者的意图和各种信息，而要达到此目的就必须考虑文字的整体诉求效果，给人以清晰的视觉印象。无论字形多么富于美感，如果失去了文字的可识性，这一设计无疑是失败的。试问一个使人费解、无法辨认的文字设计能够起到传达信息的作用吗？回答是否定的。文字至今约定俗成，达成共识，是因为它形态的固化，因此在设计时要避免繁杂零乱，要减去不必要的装饰变化，使人易认、易懂，不能忘记文字设计的根本目的是为了更好、更有效地传达信息，表达内容和构想意念。

字体的字形和结构也必须清晰，不能随意变动字形结构、增减笔画使人难以辨认。如果在设计中不遵守这一准则，而是单纯地追求视觉效果，必定会失去文字的基本功能。因此，在进行文字设计时，不管如何发挥，都应以易于识别为宗旨，这也是通常只对字数少的文字进行较大的字形变化的原因，因为字数较多时，变形后会不易识别。如图2-20所示为三个字变形后的效果。

图2-20　文字设计要易于识别

（六）文字的视觉美感

文字在视觉传达中，作为画面的形象要素之一，具有传达感情的功能，因而它必须具有视觉上的美感，能够给人以美的感受。人们对作用于其视觉感官的事物以美丑来衡量，这已经成为有意识或无意识的标准。满足人们的审美需求和提高审美品位是每一个设计师的责任。

在文字设计中,美不仅体现在局部,更体现在对笔形、结构以及整个设计的把握。文字是由横、竖、点和圆弧等线条组合成的形态,在结构的安排和线条的搭配上,怎样协调笔画与笔画、字与字之间的关系,强调节奏与韵律,创造出更富有表现力和感染力的设计,把内容准确、鲜明地传达给观众,是文字设计的重要课题。优秀的字体设计能让人过目不忘,既起到传递信息的功效,又能达到视觉审美的目的。相反,字型设计丑陋粗俗、组合零乱的文字,使人看后心里会感到不愉快,视觉上也难以产生美感,图2-21所示为多个精心设计的文字效果。

图2-21 优秀的文字设计给人以美感

(七) 文字设计的个性

根据广告主题的要求,应极力突出文字设计的个性色彩,创造出与众不同的、独具特色的字体,给人以别开生面的视觉感受,这将有利于用户对企业和产品建立良好印象。在设计时要避免与已有的一些设计作品的字体相同或相似,更不能有意模仿或抄袭。

在设计特定字体时,一定要从字的形态特征与组合编排上进行探究,不断修改,反复琢磨,这样才能创造出富有个性的文字,使其外部形态和设计格调都能唤起人们的审美愉悦感受,图2-22所示为两幅非常有个性、有思想韵味的字体设计效果。

(八) 现代字体设计风格赏析

图2-23所示的作品以及后面"优秀字体设计作品欣赏"作品都是从2007年红陈字体集中选出来的。从作品中我们可以看出,作者在进行字体设计时,多使用描边的方法来强调和突出自己设计的字体。我们也可以通过训练和学习之后形成自己独特的风格。

图2-22　个性文字设计

图2-23　红陈字体集部分优秀作品

优秀字体设计作品欣赏

点评：此作品通过对字体某一部分的变化和渐变色的运用，突出字体与背景之间的对比，以便突出主题。

点评：此作品运用黑、红两种颜色做强烈对比，并且对"创""计"进行变化，强调设计中创意的重要性。

点评：这幅作品将方与圆、粗与细并置在一起，有着强烈的对比，而对比中又不失和谐，构成了这幅作品的独特性。

点评：这幅作品将藏族文字的特征融于汉字设计中，笔画的处理曲直得当，强调了笔画特征，是一幅优秀的作品。

点评：此作品是交通安全宣传招贴，用交通指挥灯替代了"酒"字的偏旁，表明了主题。同时设计还注意了清晰和模糊的对比，进一步表达了设计意图。

点评：这是一幅字义形象化设计作品，用麦穗的形象表达出"食"字的含义，创意独特。

点评：此作品是手写文字的自由随意，形象中带有古朴拙意，借鉴了古代文字的构成特点。

点评：此作品将"拼版校正"中的"拼""校"进行了变化，从字面上就可以理解其工作的性质，寓意明确，创意独特。

点评：此作品将"宣传推广"中的"宣"和"广"进行了变化，强调其在"宣传推广"中的重要性。

点评：此作品为"百味咖啡"字体设计，颜色运用体现了咖啡的时尚性，文字的造型设计体现了咖啡在生活中带给人们的活力，表现了主题。

02

点评：此作品是为茶叶行业进行的标准字设计，字体适当加粗，看起来有厚重感，体现了茶叶味道比较香浓的感觉。

点评：此作品把古典和现代结合在一起，给人以飘飘的感觉，体现了主题。且颜色运用灵活，对比强烈。

（参考网站：字体中国，http://www.font.com.cn/fontzd/）

思考与练习

1．字体有哪几种分类？各有什么特征？
2．现代字体设计的原则是什么？

实训课堂

设计三种不同的艺术字体

项目背景

现代汉字设计，基本都是按一定的汉字规律进行演变加工得来的，重点要掌握每个字的基本笔画及有规律性的组织变化。

项目要求

运用汉字与图形的不同形式的变化，设计出三种不同的字体。

项目分析

不同的字体形式可以表现出不同的含义，字体应具有个性，视觉感觉准确而强烈；同时，字体设计应充分体现设计理念、精神内涵，给人良好的亲切感。

02

第三章

字体的基本结构和形式特点

03

学习要点及目标

● 了解汉字的基本结构和形式特点。

● 了解拉丁文字的基本结构与组合规律。

● 了解字体创意设计的结构和特点。

字体是文字的书写形式，在古代汉语中，"文"通"纹"，表明具有一定外形、结构和笔画的文字都可以看成是具有特定含义和固定形态的纹样或图案，它包括规范化的印刷体、富有创意的美术字以及随意、自由的手写体。

结构是指汉字笔画与笔画之间的搭配关系，搭配的是否合适直接关系到字体的美感以及字义的表达。

引导案例

有视觉识别特征的符号

在书籍装帧中，字体首先作为造型元素出现，在运用中不同字体的造型具有不同的独立风格，给人不同的视觉感受和比较直接的视觉诉求力。举例来说，常用字体黑体笔画粗直笔挺，整体呈现方形形态，给观者以稳重、醒目、静止的视觉感受，很多类似字体也是在黑体的基础上进行的创作变形。

对我国来说，印刷字体由原始的宋体、黑体按设计空间的需要演变出了多种美术化的变体，派生出多种新的形态。儿童类读物具有知识性、趣味性的特点，此类书籍设计表现形式追求生动、活泼，采用变化形式多样而富有趣味的字体，如POP体、手写体等，这样的字体比较符合儿童的视觉感受，如图3-1所示。

图3-1 不同造型的字体设计

第一节　汉字的基本构造与形式特点

文字作为重要的视觉语言，都有其基本的构成方式。进行汉字字体设计时，必须理解其构成规律、笔画与结构。

汉字的结构类型主要包括左右、左中右、上下、上中下、品字型、全包围、半包围、独体字等多种结构。

一、汉字的构造

汉字产生于按实物进行摹写的图形文字与象形文字。随着社会的发展，人们的思想日益复杂，象形文字逐渐向符号化方向发展、演变。

（一）汉字的形体特征

汉字在形体上呈方块平面型。从形体上来看，汉字具有明显的方块特征，是方块平面型文字。每个字都占同样大小的空间，整齐划一，具有平面性特点。

（二）汉字的种类

古人把汉字的造字方法归纳为六种，总称"六书"，即所谓"象形、指事、会意、形声、转注、假借"。"六书"是古人根据汉字结构归纳出来的汉字构造结论，而绝不是古人依照这六种法则来创造文字的。"六书"这个词最早见于《周礼·地官·保氏》："掌谏王恶而养国子以道，乃教之六艺……五曰六书，六曰九数。"其中没有对"六书"详细的名称解说，也没有对"六书"的解释。西汉刘歆《七略》中有："古者八岁入小学，故周官保氏掌养国子，教之六书，谓象形、象事、象意、象生、转注、假借，造字之本也。"这是对六书最早的解释，象形、象事、象意、象声是指文字的形体结构，转注、假借是指文字的使用方式。

（三）汉字的结构

在外国人看来，每个汉字都是一幅由线条构成的不规则的图画。其实，汉字的结构是有规律性和系统性的，有人甚至称它是一组"严密的方程式"。现在通行的汉字字形绝大多数都是由古代汉字一脉相承地演变过来的。

从结构上来看汉字，根据构字成分的情况，可以把汉字分成独体字和合体字两大类。由一个构字成分组成的汉字就是独体字；由两个以上构字成分组成的汉字就是合体字。按照传统的"六书"理论：象形字和指事字都是独体字，会意字和形声字都是合体字。

汉字的结构方式主要是针对合体字的结构方式而言的。汉字是一个平面图形，如果是由一个构字成分组成的字，就不存在结构分布问题；如果由两个或者两个以上的构字成分组成，那么就有一个如何安排位置的问题了。所谓结构方式，就是两个或两个以上构字成分在汉字中的位置排列的方式。

传统汉字中的合体字通常是采用"二分法"分析结构方式的。形声字分成形符和声符两部分；会意字中绝大多数也都是两分的，只有少数会意字使用三个偏旁会意。因此，一般讲到汉字的结构方式时，就采用两分法进行归纳，目前主要得出下列几种结构方式。

- 独体结构：千、万、为、文。
- 左右结构：信、任、明、确。
- 上下结构：全、息、雷、轰。
- 全包围结构：国、团、围、圈。
- 半包围结构：匡、凶、区、巨、匿。
- 庄字结构：庄、厅、反、庆、病、左、眉、发、彦、房、厄、考。
- 司字结构：司、句、刁、可、包。
- 边字结构：边、建、赵、尴、处、咫、匙、勉、翘、毯。
- 同字结构：同、问、闹、周、向、凤。
- 区字结构：区、叵、医、匠、匡、匮、匪、匹。
- 凶字结构：凶、函、幽、凼、画。
- 太字结构：太、套、尽、参、巷、泰、春、昼。

(四) 汉字的特点

根据汉字本身的性质及其意义，汉字有不同的特点，具体如下。

1. 根据汉字本身的性质

根据汉字本身的性质，汉字具有以下特点。

- 汉字是表意文字。字是意音结合的文字，属于表意文字体系。表音文字长于语音信息的表达，字符和语音联系密切；表意文字长于语义信息的表达，与语义联系密切，这是不同文字的根本区别。
- 汉字的音符是非专职的，而表音文字的音符是专职的。汉字的音符既可借来充当音，也可借来充当义，如：耳，可作"聆"的义符，也可作"饵"的音符。表音文字音符数量少，只有几十个；汉字充当音符的字，数量很多，超过1000个，如：方、同、生等。汉字基本上是一字一音，字形和音节相对应。
- 汉字符号的构成主要有两种方式：一种是线性排列，另一种是平面组合。大多数拼音文字(西方拉丁系文字、斯拉夫系文字和阿拉伯系文字等)是线性文字，它们的构成成分像线似的依次排列，顺着一个方向延伸。汉字是平面性文字，它的构成成分是横向和纵向双向展开，形成全字的平面布局。在平面内，不管有多少构成成分都要均衡地分布在一个方方正正的框架里，呈方块形，所以汉字又叫"方块字"。其优点是方便阅读，能够使人们快速阅读；缺点是书写不便，多方向均有笔画，影响书写速度。

2. 根据汉字的意义

根据汉字的意义，汉字具有以下特点。

- 汉字和汉语基本适应。
- 汉字是形、音、义的统一体。
- 汉字有较强的超时空性。
- 汉字字数繁多，结构复杂，缺少完备的表音系统。
- 汉字用于机械处理和信息处理相对有些困难。
- 汉字用于国际文化交流相对有些难度。

03

二、汉字的基本笔画和形式特点

笔画是汉字构成的最基本要素，无论多么繁杂的汉字，都是由一笔一画构成的。汉字的基本笔画有点、横、竖、撇、捺、提、横钩、竖钩八种，在这八种基本笔画上繁衍出了弯钩、横折钩、撇点、横折折撇等多种变体笔画。基本笔画和变体笔画都由一笔写成，它们是汉字最基本的元素。

在解析汉字时不难发现，汉字的组成基本上是以点为基本要素的，通过对整体符合视觉审美的间架结构的调整以及和谐的组合而成为文字。从书法中点的写法来看，如图3-2和图3-3所示是点的解析和点的六种变化，通过点的变化可以得出汉字的其他笔画。理解和认识这种关系是学好字体设计的前提，下面我们将对常用字体的基本笔画造型进行具体的分析。

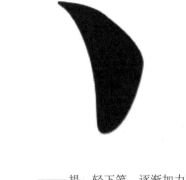

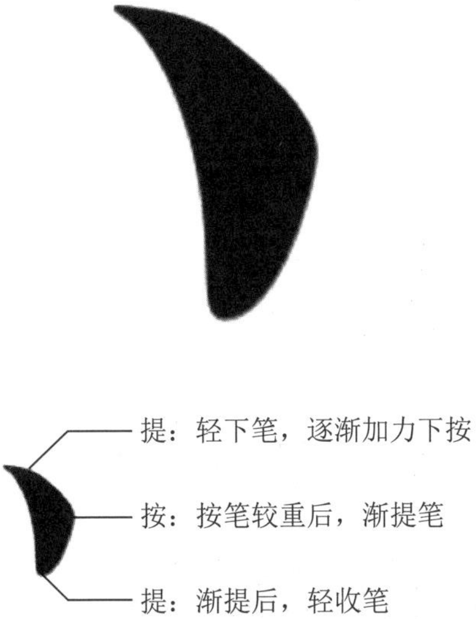

提：轻下笔，逐渐加力下按

按：按笔较重后，渐提笔

提：渐提后，轻收笔

图3-2　点的解析

图3-3　点的六种变化

（一）宋体

宋体是对各种宋体的总称，主要有：老宋体、标宋、仿宋、粗细宋体、明宋等。宋体是在北宋雕版字体的基础上发展而来的，在印刷字体中历史最长。近年来宋体出现了多种不同粗细的变化，从而给"宋体家族"注入了新的生命力，拓宽了应用的范围。

粗宋体端庄典雅，一般用于书名或印刷物的标题。它的特点主要有：字形方正、横细竖粗、笔画的右端和字的收笔有锐角，呈三角形，钩的收笔处缺半个圆。"横细竖粗撇如刀，点如鹤嘴捺如扫把"这句话，很形象地概括了粗宋体的笔画特征，如图3-4所示。

水池川之

图3-4　粗宋体

仿宋体是介于宋体与楷书之间的一种书体，最初源于雕版书体正文中的夹注小字，字形细而略长，以示同正文的区别。

仿宋体是采用宋体的结构、楷书的笔法而成，其笔画粗细一致、笔锋显露、结构匀称、字形清秀。仿宋体的横是稍向右上方倾斜，起笔落笔锋，收笔呈棱角，全画挺直；竖是起笔落笔锋，收笔在左方呈棱角，与横画等粗；撇是从上向左下方弯曲，上半部弯小，下半部弯大，起笔露锋，收笔尖细；点似三角形，起笔尖细，渐向右下方加粗；捺是起笔落笔锋，向左下方作一渐粗的直线，捺脚近似一长三角形。仿宋体多用于排印文件。如图3-5所示分别为仿宋、报宋、书宋、标宋、粗宋几种字体。

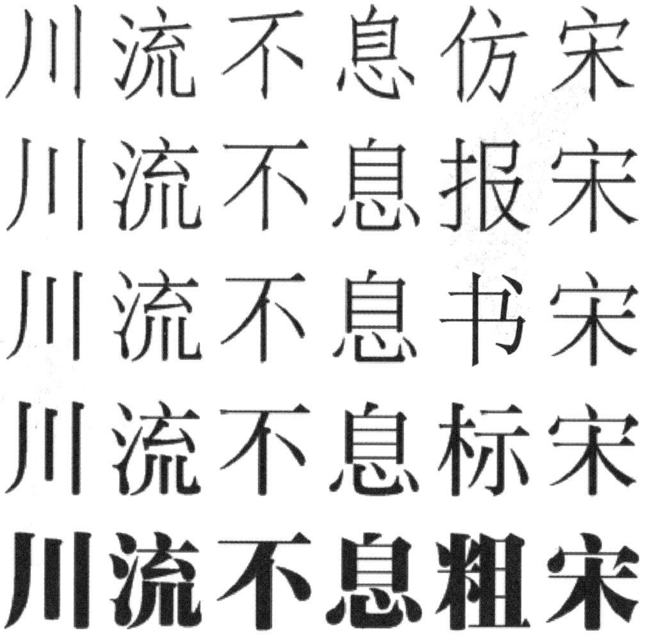

川流不息仿宋

川流不息报宋

川流不息书宋

川流不息标宋

川流不息粗宋

图3-5　几种不同的宋体

（二）黑体

黑体字的产生与19世纪初菲金斯(英国)设计的无衬线体是分不开的。菲金斯设计无衬线体字母的特征是笔画粗细相等，两端无装饰线脚，具有粗犷、醒目的风格，后通过商贸传播到日本，并糅合到日文中，大约在19世纪末才形成了汉字的黑体字。

黑体字又称方体或等线体，没有衬线装饰。黑体是由于工艺美术的发展而出现的一种等线体。其特点是笔画粗细一致，横平竖直，起落笔整齐，笔端统一，健实粗壮，字形方正，丰满醒目。黑体的横是起落笔两端方正；竖是首尾两端方正；撇是起端方正，上半部竖直，下半部渐向左下方斜成弧形，末端左角锐，右角钝；点是两端方正，上端向左斜，较长的点形成弧形，较短的点写成矩形；捺是起端方正，起笔后渐向右下方斜成弧形，末端右角锐，左角钝。黑体多用于标题、标语、广告等方面。如图3-6所示分别为细黑、中黑、大黑、粗黑几种字体。

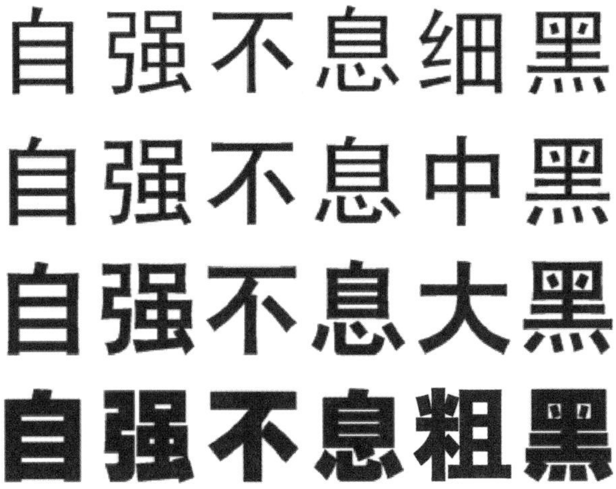

自强不息细黑

自强不息中黑

自强不息大黑

自强不息粗黑

图3-6 几种不同的黑体

三、汉字书写的一般规律

汉字的外形是单独的方块，方块字是汉字有别于拉丁字母、阿拉伯文字等外文字体的地方，它可以进行横、竖编排。

从我国现行的汉字构形上来看，汉字大体可分为独体字和合体字，而合体字又可分为左右结构、上下结构、半包围结构、全包围结构和左中右结构的汉字。汉字书写的基本笔画有点、横、竖、撇、捺、提、横钩、竖钩八种，每个汉字都是由基本笔画组成的，因此写好笔画是写好汉字的基础。要体会笔画的形状，领悟起笔、行笔和收笔，以及运笔的轻重缓急和提按的要领，从而掌握好每个基本笔画的规范写法。

虽然不同汉字的笔画形状各异，但书写每一个笔画都要有三个基本步骤，即下笔(或重或轻)、行笔(轻一些，线条或直或弯)、收笔(或顿笔或轻提出尖)，书写任何笔画都离不开这三个基本步骤，只是用力部位不同而已。

汉字笔画富于变化，比如撇画，在"人"字中写成斜撇，在"月"字中写成竖撇，而在"千"字中就要写成短撇。这些笔画在不同汉字中又有一定的变化，如短撇，在字头出现时，笔画形态较平，如"反、禾、后"等字；而在字的左上部出现时，笔画形态较斜，如"生、失、朱"等字。在书写汉字的时候要观察、比较、分析、揣摩笔画的变化规律。

(一) 主要部首结合结构

按主要部首结合结构来分，汉字主要有以下几种类型。

- 不能分隔的形，如：乃、丐、亥、丸。
- 左右分隔合形，如：伟、引、往、加。
- 右侧上下分隔与左侧合形，如：褐、设、温、惯。
- 左侧上下分隔与右侧合形，如：部、韵、款、颖。
- 上下分隔合形，如：昌、吴、胃、委、旨。
- 左中右三段分隔，如：树、撇、倒、辨。

- 上中下三段分隔，如：章、蓄。
- 上部左右分隔与下部组合，如：智、努、架、恕。
- 下部左右分隔与上部组合，如：品、晶、磊、鼎。
- 上下部左右分隔组合，如：翡。

此外，汉字横画多于竖画，因此写字时要横画略紧，竖画宜松，形成横细竖粗的形态。鉴于此，有人把汉字写成长方形，从而获得比较赏心悦目的效果。汉字由点、撇、捺、挑、钩等组成，就会产生主副笔画，一般横竖笔画为主笔画，点、撇、捺、挑、钩、角等是副笔画，主要笔画在整个汉字空间比例中要占得大一些，而次要部分占得小一些，这样写出来的字既稳又美。

印刷字体中的宋体与黑体尽管笔画造型不同，但其结构上的规律是相同的，遵循这一原则可使我们的字体设计严谨而匀称、美观而统一。

(二) 主次笔画

汉字是由点、横、竖、撇、捺、提、横钩、竖钩八种基本笔画组成的，它是从书法中的永字八法的基本笔画延伸出来的，其中起支撑作用的叫作主笔画，不起支撑作用的叫作次笔画。也有些字不以横竖笔画为主笔画，可在其他笔画中找出主次关系。例如：义、必、又等。在书写时，初学者也可以不按一般的笔画顺序，而是先写主笔画，后写副笔画，这样有利于安排字的结构。此外，一般主笔画变化比较少而副笔画变化灵活，借以调节空间，使构图更加紧凑。

(三) 上紧下松

上紧下松是设计的基本法则之一。人的眼睛善于辨认一切东西，如：方、圆、长、扁、黑、白等。甚至很微小的东西都能通过眼睛辨认出来。但是，也有受骗的情况，例如，在一个长方形中，用眼睛找出一个中心并做上记号，称为视觉中心，然后再在长方形中画出两条对角线，相交之处叫作"绝对中心"，我们将会发现视觉中心比绝对中心高一点点；又如，同样宽度的横线比竖线看起来粗一些。这种现象叫作视觉错觉，是自然界中最重要的法则之一，是万有引力定律的反映。在字体设计中这种错觉现象是随时可见的，由于视觉中心往往略高于几何中心，所以书写时字体的上半部要尽量紧凑一些，下半部则应舒畅一些，以达到视觉和心理上的平衡。

(四) 横细竖粗

由于人们受视觉错觉的影响，加上汉字本身横笔画多于竖笔画的原因，因此，对字体中同样宽度的横笔画和竖笔画，要考虑到横笔画应细于竖笔画，并调整至合理的字体空间布白。宋体横画细，竖画粗，最为明显。黑体虽是所有的笔画粗细一致，但实际上横画要比竖画稍细一点。

同样粗细的一条横线和一条竖线，看上去横线比竖线粗一点，这可能与人的双眼横向生长的生理现象有关，看横线比较集中和醒目。所以，如果不把横画减弱一些，就会显得粗笨难看，如图3-7所示。

（五）穿插呼应

汉字除少数是不能分割的独体字外，其他的结构均是由各种基本笔画组成部首，再由部首和部首结合而成的组合结构。在书写汉字时，应考虑到这些组织形式，使笔画之间的气韵互相连接、相让、穿插与呼应，从而产生灵活而严密的效果。

图3-7　"横细竖粗"

在组合时，各部首的面积并不都是等分的，要根据部首的大小、长短适当调整，例如"林"字，左右两边的笔画相同，但左边的木要略小一点才会符合人们左紧右松和上紧下松的审美心理。部首之间和笔画之间要有良好的穿插呼应，形成首尾呼应、上下相接的优美笔势，从而产生既有活泼的律动又有安定的效果。如果组织不妥，难免产生互不相关或重叠挤塞的现象。如图3-8所示为结构合理的两个"林"字。

（六）协调统一

对字体中的各个空间进行平衡，使其均匀而且分布合理，并对文字的比例、笔画和动势做适当的调整，使整个

图3-8　结构合理的组合

字形稳定而有生气。书写字体时，一般是先打格子，定好字距和行距，然后在格子内书写，使其大小一致、整齐稳定。然而，如果只是将每个字都写满格，是否就意味着大小一致、协调统一呢？答案是否定的。我们要求的是视觉上的整齐统一，而不是整齐统一的字形，否则就会大大小小、高高低低，既不美观，阅读起来也很费力。这就要求我们要善于利用错觉现象来解决大小、黑白和重心三方面的问题。下面主要介绍字体大小的调整。影响字形大小的因素主要有外形和内白两种，分别简介如下。

1．外形

字形面积的大小会由于不同的外形而产生很大的差别。图3-9中，1为正方形；2是与1面积相等的以45°角倾斜的菱形，但看上去却比正方形大，这是因为由对角线连接的横竖线特别引人注目的缘故；3是与正方形高度相等的菱形，它的面积变小了；4是实际上比正方形小的菱形，但在视觉上感觉与正方形的面积相等；5是与1在视觉上面积相同的长方形。

汉字虽然是方块字，但其笔画构成的外形却是千变万化的，例如方形(田)、梯形(申)、三角形(人)、六角形(永)、菱形(今)等。如果机械地写满格子，就会觉得方形字最大，菱形字最小；如果把方形字缩小到与菱形字相等的面积，也会使方形字见小。调整的方法是把"田"字缩小一些，"今"字放大一些，以求得视觉上的大小一致，如图3-10所示。

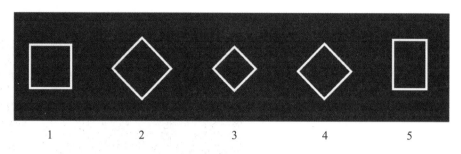

图3-9　不同的外形会产生不同的面积效果

田申人永今

图3-10　灵活调整文字大小

在同样大小的正方形格子内，一个画满横线，一个画满竖线，画满横线的见高，画满竖线的见宽。这个现象说明与格子平行的线条如同方形字一样见大，与格子不平行的线条如同菱形字一样见小。因此，以横笔画为主的字(王、重、僵)上下要压缩一些，左右要突出一些，以竖笔画为主的字(川、删，酬)则相反。根据同样的原理，"上"字要下缩，"下"字要上缩，"阡"字应左缩，"刊"字应右缩，如图3-11所示。

图3-11　不同文字之间大小要协调统一

在调整字的大小时，还应保持汉字的特征，例如，"日"和"曰"如果同样处理，就无法辨认；"月"是长形字，"皿"是扁形字，如果同样处理就会显得滑稽可笑。

2．内白

汉字的笔画繁简悬殊，差别明显，对字形的大小影响很大，内白大的见大，内白小的见小。例如：口、日、田、国、圈排列在一起时，如果都写成一样大，"口"字一定见大，"圈"字一定见小。为了求得视觉上的大小一致就必须进行调整。另外，我们都有这样的感觉，简化字比繁体字见大，主要是由于简化字笔画少、空白多的原因，如图3-12所示。

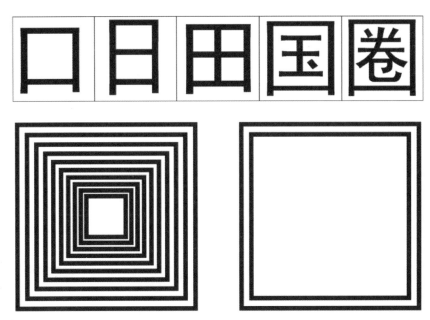

图3-12　内白影响字形的大小

（七）黑白的调整

汉字笔画多的显黑，笔画少的显亮，如果一组字中每一个字的笔画都按同样的粗细处理，就会出现一块黑一块白的现象，这样会影响美观和阅读效果。这里存在一个辩证的关系，就是要在实际上不一样粗细的情况下达到视觉上的粗细一致和黑白均匀。

一般来说，字的线条越多越显黑，线的距离越近越显黑，线的交叉越多越显黑。针对这些情况，在粗细处理上可定出以下五个原则。

- ◉ 少笔粗，多笔细。
- ◉ 疏粗密细。
- ◉ 笔画交叉处要细。
- ◉ 主笔粗，副笔细；外档粗，里档细。
- ◉ 笔画多的文字，笔画要减细。

（八）重心调整

学习书法常常会提到"重心"这个概念，汉字的重心就是整个字的分量的中心点。写字时把字的重心把握准了，写出的字才不会上歪下斜，左偏右倒，而显得平正。唐孙过庭在《书谱》中说："初学分布，但求平正……"可见，如何把握好字的重心，对初学书法者很重要。但是，中国的汉字千姿百态，复杂多变，有些字的重心比较明显，如"十""田"等，有些字的重心却很难把握，如"飞""乃"等。下面将把汉字分成独体、上下、左右三类加以说明。

1．独体字的重心

独体字是由基本笔画直接构成的，在所有的汉字中，独体字占的比例虽然不是很多，但它是构成众多的合体字的结构单位。因此，熟悉掌握独体字的重心，是学好书法的基础。对于独体字的重心我们可以从其外形或主干笔画入手来把握，如下所示。

(1) 整个字形呈中心对称式的，则中心对称点就是字的重心，如"十""田""回"等字。

(2) 整个字形呈左右对称式的，则字的重心在左右对称轴上，如"天""大""义"等字。

(3) 如果字中有中竖，则重心就在中竖上，如"中""木""来"等字。

(4) 如果字中有一竖画但不居中，则竖靠左，重心居右，如"下""卫""韦"等字；竖靠右，重心居左，如"才""可""寸"等字。

(5) 如果字中有左右竖相对，则重心在左右竖中央位置，如"门""非""用"等字。

(6) 如果字的上下左右既不互相对称，又处势歪斜，那就通过变换笔势，斜中求正，把握重心。如"夕"字本身向左下斜，最后一点的写法很重要，一定要压在字的中垂线上；又如"戈"字本身向右下倾，横画就需变换笔势向右上斜，使之平稳；再如"勿"字，横折钩折笔后，必须向左下包，直到它的中垂线位置再出钩，才能撑住整个字。

如图3-13所示，"了"是独体字，它的横画是水平的，但看上去是右高左低的，一竖是垂直的，也有倾斜的感觉。汉字书法在长期的实践中早已注意到了重心的问题，例如："勺"的钩用弧钩；有些斜笔字如"斗""也""七""互""专"在书写时也应用了重心规律，如图3-14所示。

图3-13 "了"字

图3-14 斜笔字的书写

2．上下堆积字的重心

上下堆积的字分为上下结构和上中下结构两种。

(1) 上下结构的字，上下两部分各自的重心要垂直对正，以保证整个字不歪斜，如

"音""香""盖"等字。

（2）上中下结构的字，上中下三部分各自的重心要保持在同一竖直线上，如"素""冀""棠"等字。

值得一提的是，由于楷书的横画多向右上有一定的倾斜度，故上下结构或上中下结构的字，其下面部分的重心可略偏右，此时倒给人一种视觉上的平衡感，如"志""贵""累"等字。

3．左右平排的字

左右平排的字分为左右结构和左中右结构两种。

（1）左右结构的字，左右两个部分要保持在同一水平线上，使字平衡，如"林""群""额"等字。

（2）左中右结构的字，左中右三个部分的重心要布置在同一水平线上，如"翔""糊""辨"等字。

值得一提的是，左右结构或左中右结构的右边部分，其重心可以略偏下，但绝不能偏上，这也可能是由于楷书的横画向右上有一定倾斜度的缘故，如"碍""储""脚"等字。

每个汉字都有一个中心，这个中心就是视觉中心，中心不一样高就会产生高低不一的现象。大多数汉字是由两个以上的部首组合而成的，如秭、粟、羁，每个部首都有一个中心。处理不妥，就会上下歪斜、左右不平，书写时应把中心摆放得左右平衡、上下垂直，使整行整幅的字整齐统一、均匀稳定，如图3-15所示。

图3-15 书写要注意中心

第二节 拉丁文字的基本结构与组合规律

世界上应用拉丁文的国家有六十多个，我国的汉语拼音和一些少数民族的文字也都采用了拉丁字母，拉丁字母可以认为是世界上通用的字母。

一、拉丁文字的起源

无论现行的汉字还是拉丁文字都是起源于图形文字，就拉丁文字的起源来说，苏美尔人的楔形文字、古埃及的象形文字等都对它的形成起到过重要的作用，尤其是腓尼基人，更是它的首创者。

（一）起源

拉丁字母起源于图画，是由古埃及象形文字演变发展而来的，希腊人在与腓尼基人的交往中吸取了他们的文化，创造了希腊字母，成为现代拉丁字母的雏形，到罗马废除初期王朝政体而实施共和时期，拉丁字母基本定型。罗马帝国出现时，拉丁字母得到了很大的发展并逐渐成熟起来。拉丁字母的发展不仅是一种文化的发展，而且字体也向美观实用的方向发展。

当时的腓尼基人对祖先的30个符号加以归纳整理，合并为22个简略的形体。后来，腓尼基人的22个字母传到了爱琴海岸，被希腊人所采用。公元前1世纪，罗马实行共和制，改变了直线形的希腊字体，采用了拉丁人的风格明快、带夸张圆形的23个字母。最后，古罗马帝国为了控制欧洲，强化语言文字沟通形式，也为了适应欧洲各民族的语言需要，由I派生出J，由V派生出U和W，遂完成了26个拉丁字母，形成了完整的拉丁文字系统。

（二）时代

罗马字母时代是公元1世纪到2世纪与古罗马建筑同时产生的，在凯旋门、胜利柱和出土石碑上能够看到严正典雅、匀称美观和完全成熟的罗马大写体。文艺复兴时期的艺术家们称赞它是理想的古典形式，并把它作为学习古典大写字母的范体。它的特征是字脚的形状与纪念柱的柱头相似，与柱身十分和谐，字母的宽窄比例适当美观，构成了罗马大写体完美的整体。

在早期的拉丁字母体系中并没有小写字母，公元4世纪～7世纪的安塞尔字体和小安塞尔字体是小写字母形成的过渡字体。公元8世纪，法国卡罗琳王朝时期，为了适应流畅快速的书写需要，产生了卡罗琳小写字体。传说，它是查理一世委托英国学者凡·约克在法国进行文字改革时整理出来的。它比过去的文字写得快，又便于阅读，在当时的欧洲广为流传使用。它作为当时最美观实用的字体，对欧洲的文字发展起了决定性的作用，形成了自己的黄金时代。

（三）近代文字

15世纪是欧洲文化发展极为重要的时期，在这一时期德国人古腾堡发明了铅活字印刷术，对拉丁字母形体的发展产生了极为重要的影响。原来一些连写的字母被印刷活字分解开了，开创了拉丁字母的新风格。同时，这一时期正是欧洲文艺复兴时期，技术与文化的发展繁荣迅速推动了拉丁字母体系的发展与完善，流传下来的罗马大写字母和卡罗琳小写字体通过意大利等国家的修改设计，完美地融合在一起。卡罗琳小写字体经过不断的改进，得到了宽和圆的形体，它活泼的线条与罗马大写字体娴静的形体之间的矛盾得到了完美的统一。这一时期是字体风格创造最为繁盛的时期。

18世纪法国大革命和启蒙运动以后，新兴资产阶级提倡希腊古典艺术和文艺复兴艺术，产生了古典主义的艺术风格。工整笔直的线条代替了圆弧形的字脚，法国的这种审美观点影响了整个欧洲。法国最著名的字体是迪多(Firmin Didot)的同名字体，更加强调粗细线条的强烈对比、朴素、庄重，但又不失机灵可爱。

迪多的这种艺术风格符合法国大革命的精神，是有现实意义的。在意大利，享有"印刷者之王"和"王之印刷者"称号的波多尼 (Giambattista Bodoni)的同名字体和迪多同样有强烈

03

的粗细线条对比，但在易读性与和谐上达到了更高的造诣，因此，今天仍被各国重视和广泛的应用。它和加拉蒙、卡思龙都属于拉丁字母中最著名的字体。

20世纪80年代以来，计算机技术得到不断完善，在设计领域逐步成为主要的表现与制作工具。在这个背景下，字体设计出现了许多新的表现形式。利用计算机的各种图形处理功能，将字体的边缘、肌理进行种种处理，使之产生一些全新的视觉效果。最后可以运用各种方法和技术将字体进行组合，使字体在图形化方面走上了新的途径。

二、拉丁字母的基本结构

我们通常所说的拉丁字母是指26个英文字母，分为大写字母和小写字母。大、小写字母的配套使用源于印刷术的发明与发展，当时的文字抄写人员既是文字的抄写者，又是文字的设计者，他们在文本句子的开头，字母用大写字体为引导，文本中间的字母均用小写字体，这种文字书写方式一直沿用到今天。字体从最初的古希腊、古罗马风格，到古埃及体、哥德体，到无衬线字体，经过了几百年的发展演变，发展到今天，字体的种类已纷繁多样。但从字体的结构入手，不难发现：大多数字体都有共同的、确定的基本结构。

虽然拉丁字母的种类繁多、千变万化，但在组织结构上有严格的规范，其形象大体可分为矩形、三角形和圆形三类。在字母组成单词时，应注意每个字母之间的比例和排列的关系。例如："M""W"比其他字母占的宽度就要大些(约是一般字母的1.5倍宽度)，"I"则要比一般字母的宽度要小一些(宜占一般字母的2/3宽度)。

拉丁字母根据其形态特征和艺术加工手法大致可分为以下几类。

（一）等线体

等线体包括格洛特斯克和埃及体。它们的特点是都有几乎相等的线条，前者好像汉字中的黑体，完全抛弃了字脚，只剩下字母的骨骼，显得朴素端正、十分清晰，但过于平板，因此也叫作无字脚体。

（二）书写体

书写体是在能够快速书写的民间手书体的基础上装饰加工而成的，也是斜体进一步发展的结果。与其他字体相比，它能够较多地显露设计者的特殊风格和工具性能(钢笔、毛笔、油画笔和炭笔等)。它的特征是具有倾斜的角度，能够表现出运动的姿态，是一种活泼自由、号召力很强的广告字体。

（三）变化体

变化体是在各种字体(罗马体、哥德体、等线体和书写体等)的正体和斜体的基础上进行装饰、变化加工而成的。它的特征是运用丰富的想象力，在艺术上作较大的自由变化，以加强文字的精神和感染力。例如，以一种基本字体为基础，可以做空心、勾边、折带重叠、连接和倍样等装饰变化，也可以进行凹凸、立体投影形象和寓意等比较复杂的变化。它们的风格不像罗马体和等线体那么严肃端正，而是比较生动、活泼、轻松，运笔多变化，充满了诗情画意。

（四）光学体

现代印刷术的发展带来了摄影特技和印刷网纹等新技术，给美术字体开拓了新的领域。应用光的折射和网点的浓淡变化对字体进行艺术加工是最近十年才产生的，其特有的光效应现象使人与现代科学技术发生联想，并以它魔术般的魅力征服读者的眼睛。不过，这种字体的易读性比较差，只适用于字母不多的短句，并应选择变化不太复杂、基本字体简单清晰的字体使用。

拉丁字母的组合规律大致和汉字相同，但是由于个别字母的形体宽度不一，因此在组合字母时就得按整个平衡的美感来决定。

三、拉丁字体的种类和基本特点

拉丁字母字体的种类异彩纷呈、不胜枚举，然而，依据众多字体内在的相似性，可以将它们分为以下几种类型。

（一）衬线字体

衬线字体在字母的顶端和字脚处都有衬线。例如：传统风格字体GARAMOND、BASKERVILLE、BODONI，这些字体粗细对比强烈，有衬线，整体感觉精致、醒目。

（二）无衬线字体

与衬线字体相比较，无衬线字体在字的顶端和字脚处没有衬线，字体更加简洁流畅，力度感、现代感更强。由英国人发明的黑体字就属于无衬线字体，其姿态活泼、自由，有很强的视觉冲击力，在广告设计中应用得相当广泛。

（三）手写字体

手写字体富有个性和灵活性，形式多样，是在能够快速书写的民间手写体的基础上装饰加工而成的，也是斜体进一步发展的结果。与其他字体相比，它能够较多地显示出设计者的特殊风格和所使用的工具性能。它的特征是有着倾斜的角度和表现出运动的姿态，是一种活泼、自由、号召力很强的广告字体。

（四）罗马字体

罗马字体分为老罗马体和现代罗马体，具体如下。

老罗马体又称文艺复兴体，形成于15世纪欧洲文艺复兴时期，是拉丁字母的古体，故称老罗马体，它是世界上公认的最美的罗马字体。它的代表字体是法国古朴、庄重、优雅的加拉蒙体，其特点是圆形的轴线倾斜，线条粗细的差别不大，字脚线和笔画线之间的夹角为圆弧形。老罗马体运用广泛，适合用于传统名酒、高档化妆品等广告设计中，它庄重、朴素、典雅的风格能唤起消费者的信任感。

现代罗马体的代表字体是意大利享有"印刷者之王"声誉的波多尼设计的，因此也称为波多尼体。19世纪以后随着印刷术的进步，一些印刷品中需要大量的文字，所以人们对老罗马体进行了简化。新字体增加了直线，减少了弧线，并且把装饰脚改为直线，笔画的粗细对比悬殊，便于书写和印刷，有明显用仪器绘出的痕迹。它富有节奏和条理性，能给人一种严

03

肃、理智、冷漠之感，在广告设计中运用得十分普遍。如图3-16所示为新罗马体。

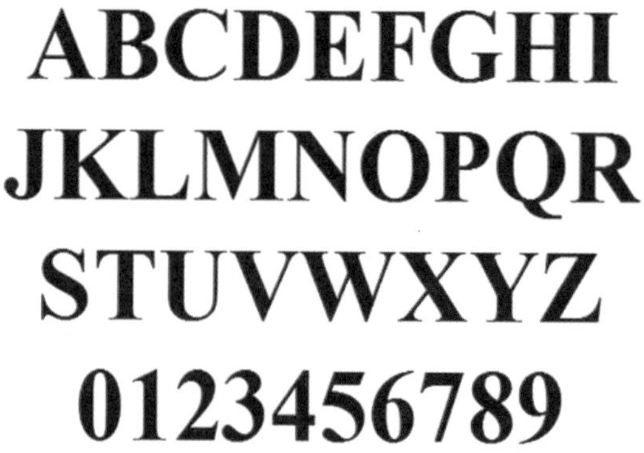
ABCDEFGHI
JKLMNOPQR
STUVWXYZ
0123456789

图3-16　新罗马体

（五）哥德体

哥德体，亦有译作“哥特体”，12～14世纪出现并流行于欧洲。当时主要用于教堂抄写圣经，具有一种宗教的神秘感。它由许多楹柱样的竖线作为装饰，字体呈针锋状，大写字母以爪形作为装饰，字母中直线平行，线的粗细和线间的空白所占的空间大小相当。如图3-17所示为哥德体。

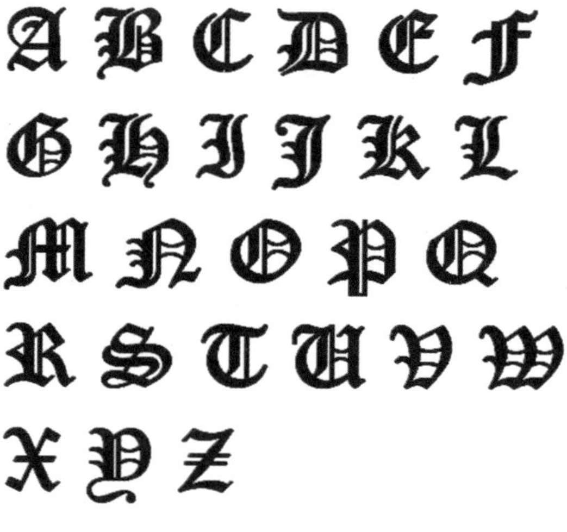
A B C D E F
G H I J K L
M N O P Q
R S T U V W
X Y Z

图3-17　哥德体

（六）方装饰线体

方装饰线体可以说是现代罗马体的美术体，能给人一种安定和权威的感觉。装饰线和主要的笔画同样粗细，甚至比主要的笔画更粗。哥德体是强调直立线的，但是到了16世纪，意大利却兴起了强调水平线的建筑，从这个时候起就有了方装饰线体。到了19世纪，这种字体又进一步向前发展了。

四、拉丁字母书写的方法及规律

拉丁字母是当今三种最具有影响力的文字符号(华夏汉字、拉丁字母、阿拉伯数字)之一，是目前世界上使用最广泛的一种字母文字系统，也叫"罗马字母"。

(一) 拉丁字母书写的基本方法

拉丁字母的书写在组织结构上有严格的规范，其形象大体可分为三类：矩形、三角形和圆形。所以，在书写拉丁字母前，应根据字母外形的不同情况，画出格子，设定好字距，在字母组成单词时，应注意每个字母之间的比例和排列的关系。

如果要写斜体字母时，应该先画好斜线格子，一般以左倾斜55°左右为宜。如果要写精美的美术字，可先打好底稿，用透明的纸将正确的字形轮廓描下，再用硫酸纸在背面涂满6B铅笔色层，用作复写纸，然后将字体轮廓复印到正稿上，再按前面的做图方法，用直线笔做边线，然后填充上色就完成了。

(二) 拉丁字母书写的基本规则

拉丁字母书写的基本规则有四种——造型几何化、笔势统一、黑区白区、均匀和谐，具体简介如下。

1．造型几何化

拉丁字母是由圆弧线和直线组成的几何形结构，可归纳为方、圆、三角三种形状(H、O、A)，并可分为单结构和双结构(O、B)，在宽窄比例上又有4/4、3/4、2/4之分(M、A、S)。字母本身就具备了美的因素，是人们长期从事书写艺术的结晶。庄重优雅的罗马大写体正是由于它的准确与和谐的比例关系，经历了两千年仍然不逊色。

2．笔势统一

一般拉丁字母横细竖粗的特点是用扁形钢笔书写自然形成的，执笔的倾斜角度以10°～35°为宜，不同的倾斜角度能产生不同的粗细比例和艺术风格。在书写时应始终保持相同的倾斜角度，这样就能形成一种不断重复出现的律动和装饰美，加强字母的内在联系与和谐美观。

3．黑区白区

在书写时我们往往只注意到黑色的线条是否美观，而忽略了在黑色周围的空白形状的完整。拉丁字母的字形比较简练，字母内外的空白形状比较大，它对字母形体有很大的影响，空白形状有检查和纠正黑色形体的作用。因此，对于黑色形状和白色形状的完整、美观应给予同等的重视，这样才能把拉丁字母书写得完美无瑕。

4．均匀和谐

善于利用错觉是达到文字均匀、安定、美观、统一的重要规律之一。

(1) 大小的调整。方形、圆形和三角形的字母排列在一起时，它们的大小在视觉上是不同的，方形最大，圆形其次，三角形最小。

(2) 粗细的调整。横、竖线的粗细相同时，在视觉上横线会显得粗一点，斜线则处在横、竖线之间，比横线细一点，比竖线粗一点。因此，无字脚体和加强字脚体的斜线要减细一点，横线再减细一点，才能在视觉上达到粗细一致。"I"字样粗细的竖线，短的比长的显得粗一些，因此，短线应减细一点。此外，斜线交叉的尖角最容易见黑，应向里面画细一点。

(3) 重心的调整。E、B、H、S、K、X这些字母的重心都应放在视觉中心上。有些线条产生一定的作用力使字母产生了不稳定感。例如，罗马体的"A"和"V"的两条斜线粗细不同，重量感也不相同，粗线条有向下倾倒的感觉；又如小写的"n"和"u"的一边由于圆弧的伸张力作用产生了向外撑开的错觉，这些都应加以反作用力，使重心稳定。书写一个词、一行字或一幅文字时，字距、词距和行距的安排是否适当，对文字的清晰、均匀和美观都有很大的影响。

① 字距：大写字母的字距是用眼睛来测量的，小写字母的字距等于"m"的两条竖线之间的距离。大写字母与小写字母一起写时，大写字母的字距要比小写字母的字距大1/3。

② 词距：大写字母以能放进一个I为标准，小写字母以能放进一个i为标准。

③ 行距：大写字母的行距是字高的1/2，如果字行较长，还要适当放大；小写字母它们的行距中间应可嵌入一个小写字母o，特别要注意，小写字母排列时不能让它们"伸头"与"伸腿"部位相碰，以免字母排列产生模糊效果。

第三节　如何把握字体创意设计的结构和特点

构思是设计的灵魂。字体设计属平面设计范畴。了解文字结构及其在设计中的整体骨架笔画、字距、行距及编排等艺术规律，注重整体设计的平衡感、节奏感、韵律感、点画的均匀、重心稳定以及设计里所说的美的造型等表现手法，用设计语言和视觉形式让设计者能在平常司空见惯的字群中探索、创意，才能设计出有独特个性、有强烈视觉效果的新字体来。

字体设计的最终目的是为了提高文字的清晰认识度和可读性，加强字体的感染力与视觉冲击力的传达效果。其要求是在设计字体时，不仅需要注意创意结构造型上的完美、独特的风格、色彩的易记，更重要的是能够体现出每个新字体在形态上富有个性、简洁明快、易识别及其内涵与寓意表现。

从古至今，文字在我们的生活中是必不可少的事物，我们不能想象没有文字的世界将会是怎样的。在平面设计中，设计师在文字上所花的心思和工夫最多，因为文字能直观地表达设计师的思想。在文字上的创造设计能够直接反映出平面作品的主题。

例如，设计一张戴尔笔记本电脑的广告海报，假设海报上没有出现"戴尔"这两个字，即使放上所有戴尔笔记本电脑的图片都不能让人们得知这些电脑是什么品牌；但是，只要写上"戴尔笔记本电脑"几个文字，即使没有产品图片，大家也能知道这张海报的主题。从这个实例中可以看出文字在平面设计中的重要性。

一、字体创意的来源

无论是汉字还是拉丁文字，任何字体的形成、变化都体现在基本笔形和字形结构上，因为基本笔形和字形结构是字体构成的本质性因素。一种字体构成风格的形成完全取决于字体基本笔形规范化的字体笔调，正因为以字体笔调构成字体基本笔形的风格定性，我们才能从字体的一笔一画中渗透出可见的形象性风格。

另外，任何一种字体在笔形组合上都向规范化的结构关系展现出字体风格特性，字体中的一笔笔、一个个偏旁部首的组合定势，都以结构上的个性表现出字体的形象性风格。由此可以清楚地看出，基本笔形和字形结构不仅是决定字体构成的本质性因素，更是字体创意的根本源点。任何字体的创意若从这两个根本源点上进行开发，均能从字体的本质性构架上创造出新的形象性字体。

从上述的理论中我们可以分析出，字体创意所要注意的两个重要因素分别是基本笔形和结构。

（一）基本笔形

基本笔形是文字笔画形象构成的规范性元素，它是文字符号的"体"的基本定势的决定因素，一种字体中以什么基本笔形组建文字，都由基本笔形的风格定势决定形成某种字体。因此，所谓字体中的"体"，实质上就是基本笔形所规定"定势"的构成。汉字中的点、横、竖、撇、捺、提、横钩、竖钩等基本笔形是所有文字结构的基本元素。拉丁字等文字也都具有类似的基本笔形规范而构成字体，例如：字母"T"就类似汉字笔画中的"横、竖"；字母"L"就类似汉字笔画中的"竖钩"。因此，在字体设计中，字体创意的本质性对象反映为对基本笔形的创造。基本笔形中起收笔的变化，横竖画的比例，点、顿角、钩的形象定势，点、撇、捺的运笔规范等，都可以不同的形象观和意识观去变化、去表现，如图3-18所示。

图3-18　基本笔形

在字体创意中，基本笔形是字体创意的灵魂所在，好的字体创意的出现或形成，首先是字体基本笔形的出现或形成。因此，字体创意的源点更体现出对基本笔形的变化、变换的探讨。对基本笔形的创造性的探讨是要从字形组织的基本元素上寻找新的相关性形象。字体基本笔形的开发虽然是一种比较抽象的创造活动，但这种抽象还要来源于现实社会中种种特性的关联，从现实中关联产生的抽象形象才能在返回现实的过程中获得实质性的效果。

（二）结构

结构是文字构成中的基本定律，它以偏旁、部首、笔画彼此间的构成定律形成某种字体的组合规范。一种字体在形成过程中，除了由基本笔形决定字体风格外，结构则是决定字体风格变换的决定性因素。在许多字体中，以同一笔形组建字体，若在组建上采取不同的结构，则会带来不同的变换效果，得到不同的字体风格。从这一点我们可以看出，结构是字体创意的另一根本性源点。

结构主要是研究文字中笔画、偏旁、部首间的组建关系，正是由于这种组建关系的形成，才产生出字体的种种风格，如图3-19所示。

图3-19 不同组建产生不同风格

在对字体创意根本源点获得一定认识的基础上，对设计师而言，更关键的是要操纵它，分别或者综合运用字体创意的两个源点开发字体。以基本笔形形成字体创意的主导风格，是操纵字体创意源点的主要手法之一。在运用汉字中的点、竖、横、撇、捺和拉丁文字中的横、竖、斜、起收笔、顿角等基本笔形中，要善于抓住最易形成个性特征的元素，以一种个性化的元素强化于每一基本笔形中，从而形成一系列这种风格的基本笔形，这必然会构成字体的主导风格。

二、字体创意的设计方法

从古至今，文字是我们生活中必不可少的事物，字体设计既可以使文字更概括、生动、突出地表达它的精神含义，同时又能使字体本身更具有视觉传达上的美感，它是传播信息的一种重要形式。

（一）塑造笔形

笔形是字体千变万化的可变元素，具有特定风格、基调的笔形所构成的字体也必然是该笔形风格的综合体现。若要创造出一种新型的字体，塑造笔形是关键。

笔形是构成文字中笔画的基本形象，在笔形的创造中要善于总结、敢于想象、富于创造。如图3-20所示，同样是"创意"两个字，我们将每组字体的笔形稍做处理，效果就不一样了。

图3-20 不同笔形产生不同效果

（二）变换结构

结构是字体构成的法则，以什么法则来组建字体，在字体构成中以什么形成字体的个性特色，这都要靠结构来解决。在字体构成中，变换结构是体现字体创意表现的主要手法。变换结构要基于字体的现有结构规律，通过创意性的变化和转换创造出各种新的结构。变换字体结构可以从如下几个方面深入探索：敢于打破、善于发现、多重结构、统一表现。如图3-21所示，我们将文字的位置、外形结构变换之后，文字就展现出了另一种效果。

图3-21　变换文字结构

（三）重组笔形

字体的笔形犹如人类语言词汇一样，有着非常丰富的构成，这种构成以鲜明的形象风格展现出种种活力。汉字字体中的宋体、黑体、隶书、魏碑、楷书、琥珀等，拉丁字体中的古罗马体、现代罗马体、现代自由体、卡罗琳小写体等，从种种字体的笔形中都充分地表露着笔形的个性特征。在这种种现存字体的笔形中，如果我们任意地在两种字体中拉上一根直线，以这两种笔形为基调进行重组，是否可形成另一种笔形风格的字体呢？依照这种原理再去审视各种字体的笔形，以它们为基点，将会繁衍出更多笔形风格的字体，如图3-22所示。

图3-22　重组文字笔形

（四）变换笔形

字体的笔形相对于某一规定的字体是不能改变的，宋体就是以一套宋体的笔形构成的，黑体就是以一套黑体的笔形构成的。但相对于创意性个体，就可以根据不同创意源点进行变换，通过种种变换手法的处理，往往能带来别具一格的新型字形。变换笔形的方法有多种，如突变、无理旋转、叠加、过度变换、互衬等。使用笔形变换所获得的字体效果如图3-23所示。

(a) 无理旋转　　　　　　　　　　　　　　　(b) 叠加

图3-23　变换文字笔形

（五）结构中的形象叠加

我们知道字体自创始以来一直都是以形象性符号展现着各种形象意义，如最初的象形文字。在人们的记忆与识别中，一种字体稍加改变，就会使人们在感官上产生很大的差别，因此，在字体结构中充分运用形象改变原有的结构风格，能够从字体构成的本质特征上形成突破性个性。或以抽象的线形改变结构的局部笔画，或以简洁的喻义形象转借某一旁笔画，或以个性化形象衬叠某一笔画，或以某种形象与某一笔画构成互依性形象，都能通过形象叠加的不同手法塑造出新颖的字体结构风格。形象叠加方法有形象衬叠、互依形象的转借、形象转借。如图3-24所示的两组字体运用的是形象相衬叠的手法。

图3-24　形象衬叠

（六）变化黑白区关系

黑白区是体现字体创意的重要因素，同时也是检验字体表现的重要因素。由字体笔画构成的实体称作黑区，与笔画相依的虚体部分称作白区，黑白区的分界主要体现于实体笔画与虚体非笔画间的交界。很多字体风格的形成和变化只是将这种分界线稍做移动，就会形成截然不同的字体创意风格。变化黑区的关系，虽然是相对于字体笔形粗细间的变化，如扩大或缩小白区的面积，但这种变化会给字体带来全然不同的感觉。

在具体变化中，通常依据黑白区面积的界定，从黑白两个大的领域着手，将会从不同方面表现字体的新颖个性，如图3-25所示。

(a) 黑区变化　　　　　(b) 白区变化　　　　　(c) 黑白互换

图3-25　变换黑白关系

(七) 突破字体的外形

字体的外形经长期演变已形成规范化的外形，或方、或圆、或三角，但随着人类文明发展到一定程度后，规范的字体外形显得比较呆板，因此突破过于呆板的字体外形必然成为现代众多媒介中表现的主导方向之一。无论是汉字还是拉丁文字，在遵循字体总体外形规范的基础上，可有所选择地将其中一到两个笔画突破外形的界定，或向外延伸、相连，或收缩、与其他笔画相依，此外还可根据具体表现主题的需要将字体变化成各种形态。

突破字体外形的表现要有意识地跳出原有框框的限定，多从灵活多变的角度变化字体整体形象的走势，使字体总体形象的风格展现出不同的内在活力和视觉冲击力，如图3-26所示。

(八) 结构的再设计

字体的结构在自身长期的发展中虽已形成种种规范化的个性特征，但它们都以程式化的偏旁部首、笔画的编排构成字体的定性构成规律。然而，随着社会各项综合因素的发展，现在人们要求各种视觉传媒形式的个性化发展，字体的结构必须顺应时代的要求，在结构的构成法则上有所创新。

结构的再设计是在传统字体结构的基础上，有所突破地打破原有字体的结构规范，根据视觉形象的新型审美观，将某些偏旁部首突破原有结构的构成规律，在原有的结构编排上开创出新型的结构，如图3-27所示。

图3-26　突破外形

图3-27　创造新结构

 拓展知识

汉字字体设计与民族文化的融合

在我国政治经济稳步发展的基础上，人们对文化和艺术活动不断发展的要求显得日趋重要。人民群众不仅要满足日益增长的物质需求，而且还要满足精神上的不断追求。尤其是在精神文明的建设中，艺术领域的发展与弘扬民族文化之间的关系更是十分密切。

汉字字体设计这门基础课程在艺术类院校的设计专业中占有举足轻重的地位，我们不仅要思考汉字字体设计这门课程的建设和发展，更要充分研究汉字字体设计与民族文化融合的重要性，以及展开对汉字字体设计怎样融入民族文化这样一个大文化背景的探索。

一、汉字与民族文化

汉字是汉语的书写符号，汉语是民族文化信息的载体，而民族文化又包括各种类型的文化。汉字与民族文化的各种类型文化有着千丝万缕的联系和多种形式的关联。

民族文化行为的发生大都建立在语言的基础上，语言的发展对人的思维和各种社会生活、文学艺术均产生重要影响。比如汉语方言众多，这对以方言为基础的地区性艺术作品的形成、发展和丰富提供了条件。语言的产生和发展也极大地促进了其他文化事业的产生和发展。

从汉字文化学的角度来理解，有宏观与微观两个角度：宏观的，是把汉字看成是一个文化项，来探讨它与其他文化项的关系；微观的，是把汉字字符作为文化的载体，来探讨它所承载的文化信息。汉字承载的文化信息是本民族的文化发展动向，它以各种载体形式广泛推动我国民族文化的发展，是民族文化发展的基本要素。因此，汉字在每个历史发展时期对我国民族文化的发展都起到了一定的促进作用，并产生了一定的积极影响，是本民族文化发展的重要源泉和基本保障。

二、汉字与汉字字体设计

在汉字不断的发展过程中，不同的字体演变同样可以说是一种字体设计过程，它在人们的设计思维中得到不断的创新与巩固。

时代赋予我们崭新的形式美，所以我们对民族文字的形式美有了更深层次的变化，这种变化同时也来自经济发展的需要。新时代的汉字应出现更多的字体设计来满足不同领域的需要，使汉字作为民族文化的信息载体更充分地融入各行各业中去，这也是汉字与汉字字体设计在商品经济中的重要关系。

汉字作为汉字字体设计的基本元素发挥着主要作用，在设计者的思维中得到了多样化的发展，用途变得更加广泛。在信息时代飞速发展的今天，设计者应该利用已有汉字的不同字体作为基本设计元素，以不同的表现形式创作更多的汉字字体设计作品来满足我国的民族文化需要，这样的行为方式可以比喻成经济与文化的桥梁。

三、汉字字体设计的融合表现

将汉字字体设计与民族文化的真正融合是关系到实用艺术设计发展与应用的重要问题。

汉字字体设计在不同的实用设计领域中有着不同的融合表现。例如，视觉传达艺术设计，汉字的形式在其中发挥着民族韵味的特殊意义，利用汉字的形态作为主要的形式去推广海报、书籍封面、企业标志、产品包装、宣传品等，这样能够更快更好地推广本民族的文化，使所有承载着汉字字体设计的艺术载体更具有民族特性。因为这些表现形式中有汉字元素的加入，才使得艺术作品起到了推广性的作用。汉字字体设计在视觉传达设计学科领域中的应用最广泛，应成为设计者设计时所必不可少的构成元素。

字体设计不仅在视觉传达设计中发挥着重要作用，在环境艺术设计、服装设计、卡通漫画设计、装饰艺术设计、数字媒体设计中同样发挥着民族特色的设计理念，而且可以为民族文化的发展起到多方面的促进和推动作用。

在环境艺术设计领域，古老的中式建筑和古朴的室内设计就有汉字的"影子"，例如，"门"字的产生就说明了中国的象形文字和环境艺术的最基本的联系。很多建筑中也都用汉字的字体、字型来衡量建筑的结构风格，在室内装饰中，汉字字体设计也体现了装饰风格带有的"中式味道"。

在服装设计领域，也越来越明显地突出民族特性，在服饰的款式和纹样上都或多或少出现了汉字字体设计作品。还有很多国内服装企业的品牌名称和标志，都以民族文化为背景，他们已经深刻地认识到"民族的才是世界的"这条企业发展之路。

在卡通漫画设计领域，由于国内对于该产业的技术力量和资源有限，所以正处于发展阶段的卡通漫画设计更应该在作品中加入汉字字体设计部分，用于对外宣传、推广本民族的卡通漫画事业。笔者认为，有意无意地模仿国外作品中的字体设计元素对民族卡通漫画和动画事业的发展不利。

在数字媒体设计领域，主要表现在影视片头的制作方面，影视片头制作充分体现了汉字字体设计在其中的动态表现和影像结合的制作特点。作为一个崭新的艺术载体，在利用现代技术与汉字字体相结合方面更能有效地加快汉字字体设计与民族文化的融合过程。

综上所述，在中华文明五千年的历史发展长河中，汉字的产生和发展为中国文化提供了有利的发展条件，汉字字体设计是具有表现力的汉字，它与民族文化的不断融合是发展民族文化的重要因素，所以汉字字体设计的课程在我国艺术设计教育领域中的重要性也有待于我们更充分地认识。通过对字体设计发展的分析来看，在世界经济多元化和我国经济发展迅速发展的今天，作为平面设计工作者，我们应该看清楚未来的发展趋势。笔者认为商品经济就要把本民族的文化用设计的思维方式表现在其中，不要受外来文化的影响而丢掉"中国制造"的民族特性。

优秀字体设计作品欣赏

点评： 这是连接装饰的文字设计，将字母之间的距离拉近使笔画产生了重叠，采用一种颜色而使其连接起来。字母之间注意了对比、均衡、节奏及韵律。

点评： 这种连接装饰的文字利用字母本身的特点，将相邻的几个字母连为一体，形成一种整体感，结构流畅。

03

点评： 这是一幅错位装饰的作品，同时也是字义形象化的设计（文字意为偏移）。作品采用了错位偏移来表达文字含义，在设计上注意了虚实对比，正负形结合得很好。

点评： 这是20世纪50年代美国著名字体设计家哈伯·路比林为《家庭》和《婚姻》杂志设计的文字。前者他巧妙地运用词组中的字母，将其设计成一组高低不同的"人"，象征家庭成员，后者则将两个R设计成两个亲吻的恋人。

点评：此作品是日本传统"能剧"海报，将汉字经过色彩处理，使人感受到所创艺术世界的形象。

点评：这两幅作品是反欧元海报设计，作品在文字设计中利用文字的外形特征，以另一物象及特性把创意传达出来。

点评："荣恩坊"三个字的结构在组合上相当紧凑，在字体方面，由于是男装品牌，因此字体相对比较浑厚，这样才能体现出男性阳刚的一面；又因其是服装品牌，所以字体的处理上又要相对圆滑，这样的刚柔并济才可以更好地凸显男性服装品牌的特点。英文字母设计中每个字母根据中文的走向，也采用了相仿的字母，而且将R加以变形，使这个英文字母更加独特。

点评： 此作品为百裳女装标准字设计，作品清晰洒脱，有着很强的时尚气息，且简洁大方，给人以美的感受。

点评： 此作品考虑它的行业以女性居多，所以颜色上采用了粉红色，并把线条加以柔美。为了增加它的时尚气息，将"品"字下面的两个"口"做成了心状，同时也表示"绣"这个字的进一层含义，绣出来送给亲人，增添了字体设计的含义。

点评： 此作品设计风格可爱、时尚，让人看起来比较有亲切感，颜色运用熟练。

(参考网站：字体中国，http://www.font.com.cn/fontzd/)

1．什么是汉字的基本构造？形式特点是什么？

2．拉丁文字书写的基本规则有几种？分别是什么？

组合中文字体和外文字体

项目背景

理解汉字的基本笔画和形式特点，理解拉丁文字的基本结构和组合规律，掌握两者的不同和相同点。

项目要求

用和谐的方法把中文字体和外文字体组合在一起，内容和字体类型自定，设计出一种有想法、有创意的新字体来。

项目分析

文字是约定俗成的符号，文字形态的变化不影响传达的信息本身，但影响信息传达的效果。因此，有必要运用视觉美学规律，配合文字本身的含义和所要传达的目的，对文字大小、笔画结构、排列乃至赋色等方面加以设计，使其具有适合传达内容的感性或理性表现和优美造型，能有效地传达文字深层次的意味和内涵，发挥最佳的信息传达效果。

字体是各种媒介用来传递信息的一种语言记录符号，是一种特殊的信息承载物，它不仅能通过文字本身的意义把信息传递给大众，而且通过对其加工美化装饰处理，使其作为特定的文字图形展现它的魅力。

03

第四章

字体设计的方法

学习要点及目标

- 了解字体类型的分类。
- 了解字体正负空间的运用。
- 了解字体的变形设计。
- 了解字体的形象设计。
- 了解标准字体设计。
- 了解计算机辅助设计。

在进行字体设计时，运用准确的设计方法会更好地表达我们的设计思路。在设计时，要按视觉设计规律，遵循一定的字体塑造规格和设计原则，对文字整体加以精心安排，创造性地塑造清晰、完美的视觉形象文字，使之既能传情达意，又能表现出赏心悦目的美感。

引导案例

文字的发展历史

我国文字的发生可以一直追溯到距今6000年前的半坡仰韶文化。在距今五六千年前的仰韶彩陶和龙山黑陶上面，可以看到祖先留下的类似文字的简单刻画，这些划纹与器物上的花纹具有截然不同的效果。我们现在所能认识的早期汉字就是在河南安阳"殷墟"出土的甲骨文，这是古代先人铭刻在龟甲、兽骨上的文字，是一种比较成熟的象形文字，也是后来发展成为汉字的基础。

我国的汉字是一种象形文字，是由图画逐渐发展起来的，是一幅有特征的简单图画，表达着一定的意思，因此也被称为"书画同源"。

字体是文字的书写形体，同一种文字会有几种不同的字体。字体随着时代的变迁、社会生产力的发展而出现变化，它充分体现着时代的特征、历史的烙印。人们在使用文字时，总是力求容易辨认，便于书写，简易速成。因此，我国文字和字体的演变历史总是沿着文字的简化方向发展的。

汉字的书写体一般分为"楷、草、隶、篆"四体，或者"楷、草、隶、篆、行"五体。所以同一个字往往有多种书写形式，如图4-1所示。

图4-1 不同的书写字体

04

第一节　字体类型

我国是一个多民族的国家，文字种类很多，其中汉字是我国应用最广泛的文字，这里所讲的中文字体设计是在汉字的基础上装饰加工而成的。

一、字体类型的选择

不同字体的选择将影响整个设计作品的最终效果，因此选择合适的字体是十分重要的，熟悉并掌握更多的字体将有助于我们做出正确的选择。每一种字体都有它的性格、特点，而不同性格、特点的字体又会给我们不同的视觉感受，合理地运用造型合适的字体会使整个设计作品锦上添花。

中文字体设计虽然种类繁多且千变万化，但基本上可分为基本字体和创意字体两大类。

（一）基本字体

基本字体包括宋体、黑体，以及由黑体演变而来的圆黑体。它们工整规范，庄重清晰，在视觉传达设计和印刷品中使用最多，也最广泛。由于基本字体结构严谨，笔画单纯，有一定的规律和方法可循，因此便于初学者学习和掌握。

1. 宋体

宋体起源于宋代，到明代才被广泛采用，也称明体，又叫老宋，是在刻书字体的基础上发展起来的。其特征是字方正，横细竖粗，横画和竖画转折处吸收了楷书用笔的特点，都有顿角，点、撇、捺、挑、勾与竖画的粗细基本相等，其尖锋短而有力，因此有"横细竖粗，撇如刀，点如瓜子，捺如扫"的顺口溜。宋体的风格是典雅工整，严肃大方。

宋体是印刷字体中历史最长、应用最广的一种，但是它的横、竖笔画相差悬殊，点、撇、捺、挑、勾圆而不挺，粗壮有余，秀丽不足。不过，近年来宋体出现了多种不同粗细的变化，从而给"宋体家族"注入了新的生命力，拓宽了应用范围，如图4-2所示。

图4-2　老宋体

2. 黑体

黑体因笔画较粗，方黑一块，因此得名。它的形态与宋体的形态相反，横竖笔画粗细一致，方头方尾，点、撇、捺等均为方头，所以又叫作方体。黑体在风格上虽不及宋体生动活泼，却因为它庄重有力，朴素大方，用于标题或放在醒目的位置上有强烈的效果，又因为它结构严谨，笔画单纯，所以也常作为初学者练习使用的一种字体。

黑体的笔画虽然粗细一致，但却不是绝对的，在处理上不能机械地强求，否则笔画多的字必然拥挤得写不下，笔画少的字则显得空旷，所以要在笔画的长与短、横与竖、粗与细之间做适当的调整，求得整体上的和谐一致。方头的横、竖笔画两头要稍微加粗一些，点、撇、捺、挑、钩的一端也要相应加强，尤其是在写大字时就会显得更加厚实有力。近年来，黑体也产生了多种不同粗细的变化，有的黑体也开始用在正文当中，拓宽了黑体的使用范围，如图4-3所示。

图4-3　黑体

3. 圆黑体

圆黑体是由黑体演变而来的。它具有黑体粗细一致的特点，但是把黑体的方头方角改成了圆头圆角，在结构上笔画向四周伸展，间架向外扩张，比黑体显得更加饱满充实，字形见大。其风格活泼而有流动感，有强烈的时代气息，是近年来深为人们所喜爱的一种新字体，但书法味和庄重感则不如黑体，如图4-4所示。

图4-4　圆黑体

（二）创意字体

创意字体是依据基本字体变化而来的，掌握了基本字体，创意字体也就容易掌握了，如图4-5所示。

图4-5　创意字体类型

二、书法字体类型的分类

在我国文化中，书法是一门举足轻重的艺术，它作为一门艺术是在汉末魏晋时期出现的。中国书法从字体类型上来分，主要有篆、隶、楷、草、行五类。书法与中国文化之道紧密相连，它反映自然之象，体现建筑结构之美。图4-6所示为书法字体在包装设计中的应用。

图4-6　书法字体在包装设计中的应用

第二节　对传统的借鉴

04

时尚和科学技术一直都在改变着我们的生活方式，新奇的文化导致新的设计流派的产生。借鉴传统就是要从过去的经典作品中汲取养分，从而取其精华，去其糟粕，使我们的作品更加新颖、独特。

我国古代富有装饰意味的字体颇多，汉族的装饰艺术博大精深，装饰手法也不胜枚举，字体设计的灵感不仅可从古代装饰字中寻找，还可以从镂雕、镶嵌、开片等各种装饰工艺中寻找，它们也给设计者提供了许多可借鉴之处。

字体设计的创作空间海阔天空，不必拘泥于形式，也不必钟情于一色，敦煌壁画、景泰琅琅、俏色蜡染……丰富的配色资源若能融会贯通于现代设计之中，一定会令字体设计锦上添花。随着字体设计艺术的不断发展，泥古不化、一味复古的设计必遭淘汰，浮华时髦、一味求新的设计也不可取，如图4-7所示。

图4-7　2008奥运会会徽

时代赋予我们崭新的形式美，所以我们对民族文字的形式美进行了更深层次的变化，这种变化同时也来自经济发展的需要。新时代的汉字应出现更多的字体设计来满足不同领域的需要，使汉字作为民族文化的信息载体更充分地融入各行各业中去。我们可以利用崭新的计算机技术将深邃的民族文化融入现代设计之中，使现代设计在民族文化中游刃有余，使民族文化在现代设计中如鱼得水；任思维性灵恣情奔跃，看巧思妙悟彰显个性，定会涌现出与2008奥运会会徽相媲美的优秀作品，如图4-8所示。

图4-8　传统文化元素的运用

第三节　变形设计

　　创意字体是在基本字体的基础上进行装饰、变化、加工而成的。它的特征是在一定程度上摆脱了基本字体的字形和笔画的约束，根据文字内容，运用丰富的想象力，灵活地重新组织字形，进行较大的自由变化，使文字的精神含义得到加强并使其富有感染力。它的风格不像基本字体那么严肃、方正，而是比较生动、活泼、轻松，运笔多变化，广泛地应用于商品的装潢和宣传，黑板报、墙报的报头和标题，橱窗布置，以及部分书刊报纸的封面和标题上。

一、变化的准则

　　当我们掌握了基本字体的基本规律和绘写方法后，运用丰富的想象力和熟练的表现技巧，就可以创造出新颖而有意义的创意字体。然而，虽然创意字体的构思有自由发挥的一面，但是也有受目的条件和字体特征约束的一面，因此要遵循字体变化的准则和范围。

　　(一) 从内容出发

　　虽然文字的笔画和形体本身没有属性，但是人们通过采用不同的方法描写出来的字形是能够体现出文字的意义与属性的。创意字体的设计只有从内容出发，做到艺术形式与文字内容的完美统一，才能达到加强文字的精神含义和感染力的效果，如图4-9所示。

图4-9　艺术形式与文字内容完美统一

（二）要易于辨认

字体设计不仅要求美观，而且更要考虑是否具有易读性。虽然创意字体可做较大限度的变化，但是对文字的结构和基本笔画的变动仍应符合人们认字的习惯，不能相差太远。注意，字体设计一般只宜用在字数较少的名称和短句上。图4-10所示为不易于辨认的字体。

（三）统一和完整

正因为创意字体的变化比较自由，所以强调字与字之间的统一与完整就显得特别重要。若是只凭个人爱好，将一幅字中的每个字都装饰得很华丽而不注意它们之间的相互联系，以致缺乏"共相"，结果只能是纷乱芜杂，毫无美感。图4-11所示为变化统一的字体。

图4-10 不易于辨认的字体　　　　　图4-11 变化统一的字体

04

二、变化的范围

字体变化必须做到内容与形式的统一，变化可运用丰富的想象力，从美的角度考虑，但必须易于辨认，可读性强。一组词或一行字之间要有内在的联系和完整性。

（一）外形变化

汉字的外形是单独的方块，俗称方块字。因此，创意字体的外形变化最适宜于正方形、长方形、扁方形和斜方形等，有时也可酌情使用其他不同的形状。但是，圆形、菱形和三角形违反了方块字的特征，不易辨认，因此一般应该谨慎使用。汉字在排列上可以横排，也可以竖排，还可以做斜形、放射形、波浪形和其他形状的排列，但无论怎样排列，都要有规律，否则会显得零乱松散。图4-12所示为放射形汉字。

图4-12 放射形汉字

(二)字体大小和笔画粗细的变化

在进行字体设计时,准确地把握字体大小和笔画粗细能更好地表达出设计理念,提高作品的视觉效果。运用好字体大小、粗细的对比,会使我们的画面生动活泼起来,如图4-13所示。

图4-13　字体笔画粗细的变化

(三)笔画变化

笔画变化的主要对象是点、撇、捺、挑、钩等副笔画,它们的变化灵活多样,而主笔画横、竖的变化较少,因此,我们需重点关注副笔画的变化。在笔画变化中,还应注意一定的规律以及协调的一致性,不能变得过分繁杂或形态太多,否则便失去了字体设计的意义,甚至使人感到厌烦,如图4-14所示。

图4-14　字体笔画变化

(四)结构变化

结构变化是指有意识地把字的部分笔画进行夸大、缩小,或者移动位置,改变字的重心,使构图更加紧凑,字形更加别致,达到新颖醒目的效果,如图4-15所示。

图4-15　字体结构的变化

（五）正负空间的运用

通常正形是指设计时画出的图形，负形是指空白留出的图形，即我们一般所指的背景。在设计时可以巧妙地利用正、负形的关系，增强作品的活力。我们也可以采取正、负形颠倒的手法，即负形是图，正形是背景，用正形去烘托负形，形成视错觉，这样可以增加画面的层次感和立体效果。

正负空间与虚实空间不同，其别具特色，更需要人们去思考与琢磨，在经过视觉与心灵的摩擦后，设计将变得更有意味。例如，我国古代八卦造型中的阴阳造型，正空间与负空间亦实亦虚、互生互灭。因此，在美学上，正负空间与文字具有同等重要的意义，都是设计要素中不可缺少的组成部分，如图4-16所示。

图4-16　字体设计中正负空间的运用

04

第四节　装 饰 设 计

字体装饰设计是指在基本字型的基础上进行装饰、变化和加工，这样既可以装饰文字本身，也可以装饰文字背景。这种方法具有鲜明的图案效果，但应注意装饰风格与文字内容的协调性。

一、装饰字体

装饰字体以装饰手法取胜，绚丽多彩而又富有诗情画意，是创意字体中应用最广泛的一种字体。装饰字体可以归纳为以下几种。

（一）空心

空心是以线条勾画出文字的轮廓，而中间留出空白的一种字体，如图4-17所示。它适用于较粗的字体，如黑体等。

图4-17　空心字示意

（二）内线

内线，即在文字中留出线条的空隙，常依线条的粗细、多少、位置和差异而产生不同的感觉。但要注意的是，内线不要使文字分解得支离破碎而影响字体的完整性，如图4-18所示。

图4-18　内线字示意

（三）断笔

断笔，是指将文字的笔画采取剪切、错移、分解、手撕或呈现缺口等方法，使文字产生断裂、破碎、虫蛀、粗犷等感觉，如图4-19所示。

图4-19　断笔字示意

（四）虚实

虚实，即利用网点和网纹的变化，使其产生虚实相同的字体。这种字体的设计可以先勾出字体的轮廓线，再贴上网点或网纹的纸而显出字形，简单又方便。当然，直接在文字上画出点或线，使其产生虚实的效果也是可以的，如图4-20所示。

图4-20　虚实字示意

（五）单笔

单笔，如同用铁丝弯曲而成的字体，所以要懂得用简略的方法，省略掉细节的部分，保持字形的原貌，此外，应注意线条的走向，自然连续给人以流畅感。单笔字体常选用圆黑体为原型，并常应用在霓虹灯的字形制作上，如图4-21所示。

图4-21 单笔字示意

（六）折带

折带，仿佛是将带状的纸条或布条曲折而成。如果这种字体的横、竖线都以直线表现，则比较容易；斜线的表现比较丰富，能加强折带的特殊效果，但笔画复杂的字体难度比较大。折带字体的特色在于曲折的部分，通过线条的转折变化，表现出表层和里层的区别，并带来柔软或者坚硬的感觉，如图4-22所示。

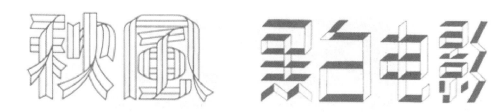

图4-22 折带字示意

（七）重叠

重叠，即笔画相互重叠或字与字重叠的字体。设计时常选用超出常规的特粗字体，使部首笔画间的重叠不可避免，因势利导，恰当地组织它们的秩序，使其产生强烈的艺术效果。一般来说，后面的笔画与前面的笔画重叠，副笔画与主笔画重叠，或者相互重叠，但不要为重叠而重叠，要恰到好处，如图4-23所示。

图4-23 重叠字示意

（八）连接

连接，即字与字的连接能打破方块字的制约，重新组合成为活泼美观、字形连贯统一的新形态。但是，若不加思考地用直线串联会有呆板、单调的感觉。设计时应选择可连接部位或共同的笔画，根据文字的内容和特点进行构思，笔画可长可短，字形可大可小，使其产生均衡与对称、对比与统一、充满律动的美感，如图4-24所示。

图4-24　连接字示意

（九）扭曲

扭曲，即根据字体的内容创造出来的扭曲变形字体。设计时应选择笔画较粗的字体，根据文字的内容和特点设计水平或垂直方向的扭曲，如图4-25所示。

图4-25　扭曲字示意

（十）模板

模板，即模仿在硬纸板或薄的金属板上剪刻，将镂空的部分喷印出字体，使字形产生断线的独特感觉，如图4-26所示。

图4-26　模板字示意

二、几种常用的手法

常用的手法有三种：阴影效果，浮雕效果，纹样、肌理效果，下面将分别进行介绍。

（一）阴影效果

任何物体投下的阴影都会使人联想到另一个空间的存在。让想象的光源从左上方照射下来，将"立体"文字的影子描绘出来，如图4-27所示。

图4-27　阴影效果

（二）浮雕效果

立体的浮雕效果让人有一种触摸的欲望，立体的文字仿佛会"穿越"画面空间，显示出特有的速度感和纵深感，表现出立体形态丰富的空间光影效果，如图4-28所示。

图4-28　浮雕效果

（三）纹样、肌理效果

纹样、肌理和色彩一样，也是一种应用非常广泛的设计手段，文字本身也可以作为纹样、肌理的构成要素，组成各种效果的纹样，如图4-29所示。

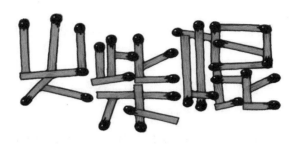

图4-29　纹样、肌理效果

第五节　字体的形象设计

字体的形象设计是指根据文字内容的需要，或者纯粹从美化的角度出发，将文字与自然物象形态相结合，构成图画与文字内涵完全吻合的设计方法。这种设计方法的特点是：把握文字个性化的意象品格，将文字的内涵通过视觉化的表情传达出来，增强自身的趣味性，通过内在意蕴与外在形式的融合，一目了然地展示字体的感染力，通过丰富的联想别出心裁地展示文字所要表现的内容。

它的基本设计手法有两种。

 通过添加象形化图形来形成半文图的效果，如图4-30所示。

图4-30　象形化半图文效果

 不以具象形穿插配合，而单纯以笔画的多与少、大与小、增与减及空间结构的配合进行灵活变化，抽象地传达文字内涵，如图4-31所示。

图4-31　空间结构变化效果

第六节　字体的色彩选择

　　色彩是第一视觉语言，它能增加文字的抒情特色，使文字更富有个性，从而引起观者的情绪变化，强化文字的传播功能。它既有国际化的通用概念，又有地方的独特性，可以直接或间接地影响人们的判断，具有迅速诉诸感觉的作用，在设计中起着举足轻重的作用。

　　色彩在字体设计中的运用能够起到激发人们的兴趣、吸引人们注意力的作用。由于生活经历、年龄、文化、性别、风俗习惯的不同，人们在看待事物上有一定的主观性，但对于色彩的象征性和情感性，人们却有着许多共同的感受，色彩在不同国家、地区还具有特定的政治、宗教、民俗的象征意义，如在中国，红色有着喜庆吉祥的含义，杏黄色是佛教的代表色。

　　另外，在决定一幅设计作品的色彩时，要考虑到我们所针对的目标群体，不同的目标群体应在字体设计中采用不同的色彩，如针对妇女、儿童用品包装上的字体设计，在色彩的选择上可以采用对比柔和的色调，给人以温馨的感觉；针对男性用品包装上的字体设计，在色彩的选择上可以采用黑色、银灰色这些能体现现代感、阳刚之气的色彩；针对医药用品包装上的字体设计，在色彩的选择上可以采用比较简洁的色彩，给人以清洁、安全、可靠的感觉。

　　色彩还能带给我们冷暖感、轻重感、强弱感。它时而忧郁，时而明快，时而兴奋，时而沉静，时而朴素，时而华丽，我们只有了解色彩的性格和它带给我们的视觉感受，才能更好地把它运用到我们的字体设计中。

　　不同色彩的象征意义如下。

◎　红色字体的应用范围极为广泛，如红色字体一方面有着强烈的视觉冲击力，易刺激人们的情绪，能给人以力量、华丽、喜庆、革命、热情等感受；另一方面又有着警觉、危险的含义，如图4-32所示。

图4-32　喜庆效果

◎　黄色明快、响亮，常被比喻阳光的色彩，在纯色中明度最高，象征着光明、希望、快乐、富贵，如图4-33所示。

图4-33　光明快乐效果

● 绿色是大自然中树木、草原的颜色，它在字体设计中的应用能给人以舒适感，象征着和平、安静、新鲜、可靠、健康、安全、成长，纯度较高的绿色在表现食品、金融、百货、建筑等的设计题材方面运用极其广泛，如图4-34所示。

图4-34　和平、健康效果

● 蓝色能给人以洁净、清凉、朴实、理智的感觉，象征着理想、平静、希望，这种颜色的字体适宜运用在高科技的产品设计中，同时也适用于夏季清凉饮料、矿泉水、冰激凌等产品的包装、标志设计，如图4-35所示。

图4-35　清凉效果

● 紫色有着高贵、典雅的浪漫气息，这种颜色的字体特别适合表现女性使用的产品，如化妆品、服装、装饰品等包装设计，如图4-36所示。

图4-36　浪漫效果

第七节　手写字体设计

手写文字从初级的到精美的，在城市和乡村随处可见。在水果商店的标牌上、黑板备忘录上、贸易洽谈会字幕、商店招牌、装饰性的金属作品、刺绣、时装以及刻花玻璃上，都可以见到业余的或者专业水准的手写作品，包括一些被称为"涂鸦"的字体。这些字所应用的材料、风格反映了信息的内涵：或喜庆、或庄重、或轻松，或是有非常重要的信息，或是随心所欲地抒发情绪。手写字体的特点是将字体进行个性化的演绎，因而，它不同于印刷字体，有着一种自由的感觉和个性色彩，具有不可模仿的随意性和独特的视觉优势。在字体设计中，无拘无束的表现手法总能激发出无限的灵感和创意。

手写方式表面上的自由性，会影响人们对字体结构、形态、大小、粗细的观察。作为一种应用字体，它同样必须符合字体设计的造型法则和视觉规律。它们可以与标签或者封面的插图相结合，也可以融入字标、花形字或者水印图案中。贺卡、请柬或者海报都可以用手写方式，利用色彩加以强调。尤其是手写字母或者数字，它们提供了非常精彩的幽默和智慧的灵感，因为它们与图形要素有时会结合得非常好，如图4-37所示。

图4-37　纹理效果

我国的书法不仅是一种传统的应用方式，也是一种自由演绎字体的艺术形式。在字体设计中，将书法和媒体、材料相结合可以拓宽设计的表现力。书法的活力能唤起相当大的感染力，每一件作品都是非常独特的，自发性与偶然性是其非常重要的特点。有时，在设计过程中产生的"错误"不需要抛弃，它可能成为自己新的想法。形式自由的手写体与字标、海报、包装、卡片等结合，可以取得非常好的效果；书写规范的书法字体可以应用在证书、公文和文本中。在单个字母和文本中增加书法字体可以丰富设计的感觉，如图4-38所示。

中国的书法历史源远流长，意境深远，书法字体的使用能产生有特定意义的效果。

在欧洲早期的手稿或羊皮纸中发现的书法手迹，都采用了鲜亮的颜色进行奢华的装饰和设计，在当时的社会中具有很高的地位。

图4-38　纹理效果

第八节　计算机辅助设计

随着计算机技术的迅速发展，人类社会已踏入数字化时代，运用计算机进行的字体设计富有独特的现代感。目前已开发了很多设计软件，如Photoshop、Illustrator、CorelDraw和3D MAX等，这些软件可以帮助我们制作各种字体效果，使我们的创意思想得到完善，使我们设计的字体更加新颖、规范、实用，如图4-39所示。

　　计算机设计的发展使人们有可能对字体进行更为复杂和抽象的设计，以体现信息时代的信息传达方式，这样就产生了不少独特的设计手法。我们可以模仿由不同的制版印刷与工艺手段形成的网点、投影、立体构成等效果，也可以利用文与图的组合、群化的汉字组成图形(形态化文本字体)制造出特殊的肌理效果，这些设计方法都能使字体产生"电子感""机械感""像素感""超现代感"等特殊的视觉效果，如图4-40所示。总之，无论我们选择何种方式或方法，只要能够体现我们的设计理念、表达我们的设计意图的设计方法就是最合适的设计方法。

图4-39　电脑制作效果

图4-40　像素效果

 拓展知识

Windows 字体

　　Windows字体分为光栅字体(.FON)和可缩放字体；也可分为屏幕字体、打印字体以及打印和屏幕都适用的字体，例如，TrueType字体(TTF)就是打印和屏幕都适用的可缩放字体；也可分为比例字体和固定字体，即英文字体和中文字体。

　　有一类字体是我们感兴趣的，它使用的字符集与Windows ANSI或OEM字符集毫无共同之处，我们称其为非正文字体或符号字体。最重要的是"Marlett"，它是Windows的系统字体之一，其中，窗口右端的"开始""插入""页面布局"等按钮，单选、复选框前的"√"，都是用该字体建立的。该字体不能删除，否则前述符号都将变为数字形式。

　　除此之外，用得较多的字体有："Symbol""Wingdings""Webdings""Monotype Sorts"和"MT Extra"。其中："Symbol"字体用于数学公式中，包括希腊字母、数字、运算符、集合符号和其他符号；"Webdings"字体汇集了日常生活中常用的表意符号，如电话、书本、眼镜、信封、剪刀、钟表、手势、箭头等；"Monotype Sorts"中包含了200多种箭头、指示符和标记；"MT Extra"中只有很少的数学符号，用来扩充"Symbol"字体。"Webdings"字体是对"Marlett"和"Wingdings"字体的补充。此外，安装应用软件也会安装一些特殊的符号字体。

第九节 如何灵活运用字体设计的方法

结合拉丁文字可以看到，S像海马，X像一把打开的剪刀，H像可坐的栏杆，C像卷曲的东西……同样，汉字中的许多文字也具有象形文字的特征，如：鸟、门、水、采等，若以图形与文字结合的形式来看待文字，会发现许多物体与文字之间的视觉联系，这为设计字体提供了许多新的创作源泉。

一、组合文字

文字是人类文化的重要组成部分，无论在何种视觉媒体中，文字和图片都是其两大构成要素，文字排列组合的好坏，直接影响着视觉传达效果。

(一) 组合

我们经常把几个字或者字母作为一个整体图形进行设计，我们称之为组合文字设计(Logotype)。在印刷用语中，LOGO是合成的意思，TYPE是印刷活字或字形的意思，"Logotype"是指两个或两个以上的文字糅合在一起的字体，如图4-41所示。

图4-41 组合文字

组合文字设计的设计方法、形式内容需与文字本身的含义结合，文字的组合通常有更深的含义，与独立的文字和字母相比更具有欣赏性。组合文字看中的是整体效果，通常以字体的形象或者字体本身来展示所隐含的意思，强调其个性和原料特点，对文字进行艺术加工就会得到理想的效果，采用与组合文字意义相适合的文字表现形式(包括字体、要素选择、色彩风格、编排等)是文字设计的关键，如图4-42所示。

图4-42 与文字意义相适合的组合效果

(二)造型要素

首先选择与组合文字的含义较为接近的字体，然后对其进行艺术加工，产生预想中的字体效果。例如：罗马体和中文的宋体都属于棱角分明的字体，在进行加工时可以用于表现干净利落的物体或者精干的企业形象。采用文字的组合方式组合文字时，通常是两个或两个以上的文字，所以在组合时要遵循一定的规律，根据文字本身的性质进行组合。我们可以采用修、补、挖、贴、黏合、重叠等多种手法，以点、线、面的方式进行组合，创造出结构完整、具有设计美感的字体。组合文字创意的具体表现方法有以下几种。

- 通过对文字的大小、拉伸、倾斜、旋转、扭曲进行变化。
- 对文字的笔画粗细、长度、方向以及特殊效果进行处理，形成独特的视觉效果。
- 对文字颜色的处理，通过颜色的明度、色相、纯度形成对比、渐变、渗透、叠加等色彩效果。
- 通过特定的设计技法，将描边、肌理、发光、立体浮雕等与装饰图案以及具象、抽象图形相结合。
- 手绘形式的应用可以形成自己独特的视觉效果，可以避免雷同。

二、实际方法解析

字体设计的方法千变万化，不同的字体设计可以表现多种意思。信息传播是文字设计的一大功能，也是最基本的功能。文字设计重点在于：要服从表述主题的要求，要与其内容吻合一致，不能相互脱离，更不能相互冲突，以致破坏了文字的诉求效果。尤其在商品广告的文字设计上，更应该注意：任何一条标题、一个字体标志、一个商品品牌都有其自身内涵，将它正确无误地传达给消费者是文字设计的目的，否则将失去它的功能。抽象的笔画通过设计后所形成的文字形式往往具有明确的倾向，这一文字的形式感应与传达的内容相一致。

下面将介绍几种设计时经常用到的方法，以供大家借鉴学习。

(一)偷梁换柱

在设计时，巧妙地将文字的某个笔画转换成圆、三角形或其他的形状，可以得到不同的效果，如图4-43所示。

图4-43　偷梁换柱文字示意

(二)涟漪效果

在设计的过程中，可以根据实际需要，对文字增加一些效果，在字符的上面或下面添加一些线条，可以让人感觉到涟漪的水面，如图4-44所示。

图4-44　涟漪效果文字示意

（三）有趣图案

根据实际情况和设计的需要，将某个笔画转换成有意义或有趣的图形，会使整个视觉画面活跃起来，达到不同的效果，如图4-45所示。

图4-45　有趣图案文字示意

04

（四）中线合一

相邻文字中间的笔画可以连接起来，相交处的切口使整个字体设计看起来更为合理，如图4-46所示。

图4-46　中线合一文字示意

（五）拉长笔画

可以将文字的某一部分进行变形设计，强行延伸文字的某一部分，达到夸张的效果，这也是常用的设计方法，如图4-47所示。

图4-47　拉长笔画文字示意

（六）两笔合一

将两笔不同方向的笔画用过渡的直线或弧线连接起来，此方法在设计标准字时经常使用，如图4-48所示。

图4-48　两笔合一文字示意

（七）连成一笔

将文字之间连接起来，看起来就像一笔写成，不切口，不断开，将会有意想不到的效果，如图4-49所示。

图4-49　连成一笔文字示意

（八）边旁改动

把文字的某一部分换个颜色，或是改变表现方式，所出现的效果则完全是另外一种，如图4-50所示。

图4-50　边旁改动文字示意

（九）共用笔画

相邻的两个文字共用笔画或某个笔画的一部分，会有很好的整体效果。要注意适当的切口很重要，将会产生一种似离非离的感觉，如图4-51所示。

图4-51　共用笔画文字示意

（十）画龙点睛

在设计时，要学会找突破口，或者说是亮点，对其加以修饰和变化，一点点的改动就会使整个画面活跃起来，达到画龙点睛的效果，如图4-52所示。

图4-52　画龙点睛文字示意

（十一）错位交叠

几个文字之间也可以通过错位或交叠重新组成一个新的实体。下面加线条、弧线或文字会使这种错位显得比较平稳，如图4-53所示。

图4-53　错位交叠文字示意

（十二）环环相扣

将两字母交错扣在一起，在相交处切口，看起来像套环的感觉，可以将环中的字母设成不同的色彩，如图4-54所示。

图4-54　环环相扣文字示意

优秀字体设计作品欣赏

——日本五十岚威畅作品

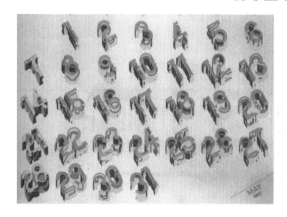 

04

点评：这两张作品是日历的字体设计，颜色鲜艳，数字以倾斜的立体效果表现，立体感强，画面视觉效果鲜明。

 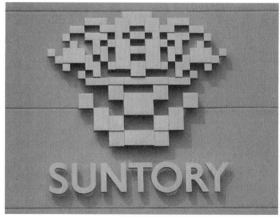

点评：这幅作品以大片醒目的黄色衬托出五十岚威畅英文姓氏的字体变化设计，独特的字体设计风格，并将澳大利亚这个大洋洲国家的地图轮廓形状作为白色装饰点，有规律地排列在整幅广告中。

点评：此作品利用抽象的手法表现，唤起观者也能深入探讨美和设计之间密切的联系，利用平面与立体的视觉对比，凸显出该作品的空间感和视觉冲击力。

　　点评：以上四张作品的设计素材采用新材质以及利用材质自身的质感，创造出与环境相互辉映的独特效果。作品大胆富有新意，具有强烈的构成主义特点，在复杂中寻找简单，拥有非凡的表现力，给人以强烈的视觉感受。

1. 什么是字体的形象设计？特点是什么？
2. 标准字体设计分哪几种？各自的特点是什么？

设计楼盘装饰字体

项目背景

为某房地产公司设计一组宣传即将开市楼盘的重叠的装饰字体。

项目要求

要求运用Photoshop设计一种装饰字体，要求创意独特，并有浮雕效果。

项目分析

字体装饰设计是指在基本字型的基础上进行装饰、变化和加工，这样既可以装饰文字本身，也可以装饰文字背景。装饰字体以装饰手法取胜，绚丽多彩，最富于诗情画意，是创意字体中应用范围最广的。

04

第五章

字体设计在实践中的应用

学习要点及目标

- 了解平面广告中的字体设计。
- 了解商品包装中的字体设计。
- 了解书籍装帧中的字体设计。
- 了解标准字的设计与运用。

今天，人类社会已进入信息时代，字体作为传播信息和文化的重要载体，随着社会生活方式的不断改变，科学技术、大众传播媒介的不断改进，在功能、形式和审美上不断地发生着变化，设计方法与技术在各种信息化、数字化等新的操作手段下，也不断呈现出新的概念与新的视觉效果。在平面设计中，它较多地承担信息传达的视觉化效果，是一种富有感染力的视觉形式。

平面设计是以图形、文字为设计元素而进行的视觉传达设计。随着科技的日新月异，以纸为媒介的平面设计得到了拓展、延伸，如影像设计、电子读物设计、多媒体设计等都加入到了平面设计的行列。但是，无论平面设计如何发展，文字作为设计中突出的元素，作为集符号、色彩于一身的视觉元素，越来越多地成为一种有效的视觉语言。

字体设计作为视觉传达重要的表现手段之一，既是商业文化的信息载体，也是时代精神的体现者。因此，优秀的字体设计能在当今诸多的信息传播领域中起到很好的信息沟通作用。

引导案例

汉堡王的商标设计案例

在汉堡王的近25年的经营中，其品牌仅做过很少的改动。随着公司的发展，为重新确立其快餐业巨人的地位，公司决定对其品牌进行全面的改进，希望创造出稳健、强有力的品牌形象，使品牌各个方面(如商标、招牌、餐馆设计和包装)都能为消费者所熟悉。

汉堡王希望仍能保持老品牌中的小甜圆面包的设计因素，但目标是逐步形成一种有高度影响力的品牌标记。他们希望不必很时髦，但能适合时代的步伐，并体现出很强的活力。旧的品牌标志很大众化，并且很温和，一切都是曲线形的，其中字体是圆的，小面包的形状也是圆的，黄色和红色都属于暖色调，缺乏节奏感和活力。

斯特林设计集团和汉堡王公司的品牌设计组在商标设计上进行了几次尝试，包括在设计中加入火焰图案，以突出汉堡王是经过火烤的，同时还尝试了不同的字体颜色。但是，设计并没有加入过多的元素，他们认为，新商标的应用会无处不在，过于花哨会减弱其可视性。

当然，为了打破原商标的温和性，新品牌加入了蓝色，大大增加了设计的活性。最终，设计者很好地保留了原品牌标志中面包的形象，因为它体现出该品牌的魅力所在，

05

但是设计者把字体扩大至面包的外围，以突出可口的三明治，稍微倾斜的状态则表现出了活力与动感。在新品牌设计的整个过程中，设计者们保留了老品牌的一些因素，避免人们无法认出，如图5-1所示。

图5-1　汉堡王商标

第一节　如何在实践中具体应用字体设计

05

字体设计的最终目的在于如何具体地运用在实际的设计中，与其他的设计一样，字体设计同样讲究正确的设计方法。好的设计方法应该是从搜集资料开始，详尽地分析设计对象并对其做出正确的定位，然后再进行各种方案的优化，直至最后制作完稿。欣赏优秀的字体设计作品会提高我们的认识，增强我们的设计理念，从而设计出更好的作品。

一、字体设计步骤

（一）设计定位

正确的设计定位是设计好字体的第一步，它来自对其相关资料的收集与分析。当我们准备设计某一字体时，应当先考虑到字体应传递何种信息内容，其给消费者何种印象，然后再强调字体的个性识别和表现手段以及字体在实际应用中的各种制作方法。有了这些问题的思考，设计师的设计工作也就有了较为明确的设计方向。由于字体在应用上的多样性，所以字体的设计定位也不尽相同。有的内容要求严肃端庄，有的则要求活泼轻松，有的要求高雅古典，有的则要求怪异现代，还有的则两者兼备，如图5-2所示。

图5-2　古典与现代

(二) 草图阶段

一旦自己有了一些主题和创意的想法，先用草图记录下来，考虑使用何种色彩、形态、肌理，表现一个特定时期的某种风格会令人想起某个特殊的事件或感受。通过这种方法，可以对自己的创意所需要的形式进行判断。随后，需要收集相关的视觉素材作为参考，以使自己的设计更有可信度。

好的摄影、设计杂志和有关的书籍都是有用的素材，将形象进行孤立的处理会产生平庸的作品。进行多种视觉尝试是非常有益的，放开思路，以视觉方式进行思考，不要过多地考虑细节，在完成之前，要全面考虑形态、大小、粗细、色彩、纹样、肌理以及整体的编排。

有时设计过程中的一个错误会演变成为一种意想不到的设计效果。

如果你的设计作品只是整个设计的一部分，就必须考虑它在不同媒体上使用的可能性，在设计软件中虚拟演绎，用专业的眼光进行审视。有时可能在一个简单的设计中要结合不同的方法，例如，将图片或纹样切入到设计好的字体中去；将随意的笔画通过扫描仪与挺拔光洁的字体相结合等。

(三) 文字形式与内容统一

字体设计的任何表现形式都应是表现内容与形式的高度统一。字体的笔画、组合、色彩与编排等各种造型要素都是帮助我们很好地表达设计理念的手段。不同的造型表现不同的视觉感受，例如：倾斜的线条表现了速度与运动；厚实又柔和的笔画传递了天真可爱的信息；书法的应用表达了民族风味；带金属质感的字体则具有高科技的先进感。不仅如此，字体的组合与编排的变化同样能给我们带来具有各种新鲜的感受。脱离内容的形式是空洞的、表象的，在字体设计中，应避免形式与内容不统一的设计倾向，如图5-3所示。

图5-3　速度风格与可爱风格

二、汉字错觉处理办法

(一) 汉字的错觉

文字是在平面上展开的、构成明确形态的符号。在平面上，其结构是点、线、面之间的构成，是一个完整的整体。从视觉心理上、从人类对图形的理解来看，"文字造型"与图形的关系是文字设计的基点。

由于文字的结构、笔画简繁不一，实际粗细不同、大小一致的字体在我们的视觉里也会变得不完全相等，这就是视错觉，如图5-4所示。

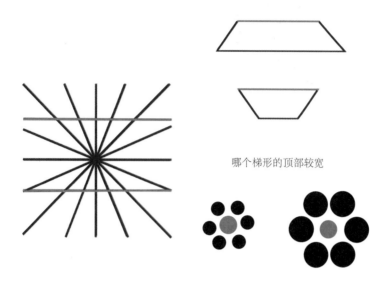

哪个梯形的顶部较宽

红线是直的还是弯的

哪个红点大一些

图5-4　视错觉

以上这些都属于视错觉。视错觉是指人类的视觉中，其物象的单独存在和其他另一物共同存在时产生的异常现象，因此，我们有必要对视觉心理与视觉加以研究探讨，作为对企业标准字修正的依据。

视错觉大致可分为线的粗细错觉、点与线的错觉、交叉线的光源错觉、黑白线的粗细错觉、正方形的错觉、垂直分割错觉、点在不同面上的错觉、图形发展对文字间架的关系等。

(1) 直线等粗：水平线、斜线和垂直线如图5-5所示。

图5-5　直线错觉

(2) 点与线的错觉：圆点与直线等粗，则圆点宽度大于直线宽，如图5-6所示。

图5-6　点线之间的错觉

(3) 黑白线的粗细错觉：黑底白线段、白底黑线段(在制作反白效果时注意)如图5-7所示。

图5-7 黑白线的粗细错觉

(4) 正方形的视错觉： 如果要画出感觉较为方正的字，就要画出上下、左右为扁的方格。

(5) 垂直分割线错觉：被等分的线段显短，应将垂直线段适当缩短，如图5-8所示。

图5-8 垂直分割线错觉

(6) 垂直等分错觉：垂直线被等分时，上长下短，故上半部容易缩短。

(7) 水平线等分错觉：左大右小，这是因为人看东西是自左向右的。

(8) 点在不同位置上的错觉。

阿恩海姆在"构造地图"里指出，画面形态垂直水平所构成的十字线(力线)影响最大。对角线也产生力线，画面由看不见的力量场构成。因此，画面上任何形态都会受到引力的影响而产生"重度"，位于中央的力场越近重度越大，所以为了视觉上心理的平衡，应加大相应的笔画，如点的面积。

(二) 处理方法

汉字错觉处理方法有三种：字形大小的处理、重心处理和内白处理，具体如下。

1. 字形大小的处理

汉字虽然称为方块字，但实际略长；同时，横多竖少、高度感强；另外，还有上下顶格，左右只有部分笔画撑足；此处，汉字书写中有很多的笔画是向下延伸的。基于上述原因，汉字字形视觉上略显方。

字形种类有以下几种。

- 方形，如口、田、固、困等。
- 梯形，如旦、贝等。
- 六边形，如中、永等。
- 五边形，如土、士、大等。

- 品字形，如品、晶、聂等。
- 菱形，如十、今、令等。
- 三角形，如卜、下、丁等。
- 尸字形，如广、户、厂、尹等。

其中，方形最大，六边形、梯形、五角形次之，品字形、尸字形又次之，菱形和三角形最小。处理方法即是适当地处理小方形字，外部空间越多出格越多。再如"同"字，左右一齐，则有右脚向上收的感觉。

2．重心处理

汉字数量很大，笔画多少不一，少则一笔，多则有三十六画，且笔画搭配不一定。横画最少的为一画，最多的有十二画；竖画最少的也只有一画，最多的有七画左右。

结构也较为复杂，有上下结构，上紧下松，视平线略偏上，上小下大；靠边笔画，向内收，长边收的多，短边收的少；左右结构，注意左右压缩，左右一致则左紧右松，量多则瘦，量少则丰；左中右结构，内松外紧，中间笔画向笔画少的一侧稍移。

3．内白处理

内白大则显大，内白小则显小。总之，字形大小的错觉处理的主要依据为：抓住字形、内白、横画、竖画几个方面。

第二节　平面广告中的字体设计

一、标题字体设计

标题是广告主题的概括，是将有关广告的观念或商品特征以简洁的文字表现于醒目的位置，它常用较为醒目、易于识别的字体，目的在于引起消费者的注意。在这里要强调的是，标题的字体设计在注重清晰、易读的基础上，都可以进行适当的加工处理，如变形、添加、删减等，以便引起足够视觉关注，避免因为简单的重复使用而使其丧失应有的吸引力。

二、正文字体设计

正文在平面广告中属于文本的部分，它的功能是用来详细介绍商品和其他观念的信息。由于正文是供人们阅读的部分，一般常采用印刷字体。

在应用中，一方面要着重考虑正文与标题、图形的整体构图，要运用点、线、面的排列方法，处理好它们之间的平衡关系，避免形成孤立的布局；另一方面，正文是平面广告的整体部分，根据独特新颖的构思，可将文本编排成图形，增加视觉趣味性。从人类视觉心理来分析，人们在阅读图形和文字时，前者的心情更为轻松，因此图形所形成的视觉冲击力更为强烈，并且图形化文字的装饰特征能够将阅读转化为视觉经验。所以，将文本以图形的方式向读者展示，不仅使读者感到有趣味，也改变了文本传统的形式，增加了读者对文本的记忆力。

三、广告语字体设计

平面广告中的广告语从结构上来看与标题有些近似，但它是从标题内容演变而来的，通常由响亮、奇特，便于记忆、朗读的字句组成。好的广告语主题鲜明、诉求准确且具有很强的感染力。

此外，在平面广告的创意中，文字是主要的设计元素，从信息化、视觉化、艺术化的角度审视，它具有巨大的生命力和感染力。在现代设计中，文字已不仅是单纯地传递信息，而是更多地追求个性化、风格化的形式语言，以求脱颖而出，获得最大限度的关注。任何最简单的审美形式都包含有特定的精神内涵。

如果说传统文字的表达形式以叙述性为主，那么现代文字的表达形式则带有强大的表现性，作为字体设计师应借助对形式魅力无尽的探究，赋予文字内容更新的表现力，如图5-9和图5-10所示。

图5-9　文字与图形结合

图5-10　文字与图形拼接、组合

第三节　商品包装上的字体设计

现代购物方式要求商品包装上的文字既是商品说明，又是商品的广告。丰富的商品给我们的生活带来选择的余地，不同的文化、教育、职业和个人嗜好会在商品选择中充分地反映出来。因此，设计有时需要反映商品的传统与历史的悠久性，此时则采用古老的字体；有的需表现商品的时代潮流感，此时则采用反映时代潮流的现代字体与编排。化妆品的字体设计往往流畅而典雅，以示商品的格调与品位；有些表现男性用品的文字设计则较为硬朗、简洁；食品或日用品的包装文字设计通常较为明快，以达到最强的传达目的。

在企业识别系统(Corporate Identify System，CI或CIS)指导下的包装装潢设计主要是突出企业形象，包括标志、字体和广告语。在编排和图形的运用上应该与基础设计系统中的限定保持一致，强调设计的系统性和系列化。在以超市模式为主的销售形式里，设计更加强调视觉形象的统一，它能使产品的包装从众多的竞争对手中脱颖而出。因此，包装设计的系列化是现代商业发展的大趋势。

一、基本文字

基本文字包括商品名称、促销语和企业名称。

商品名称通常安排在包装的正面，是商品包装中主要的信息传达要素，它一般在字体设计上注重创新，要求醒目、新颖、生动，能在第一时间吸引消费者的注意力。

促销语是宣传商品的文字，其内容应做到真实、简洁、生动，切忌虚假与繁复，其编排位置灵活多变。但是设计者也应注意，促销语并非必要文字，应根据商品特性和设计创意进行合理的布局。

企业名称一般编排在侧面或背面，它一般运用印刷字体做规范化设计，因为这样有助于企业形象设计的树立。

二、资料文字

资料文字包括产品的成分、容量、型号和规格等。它编排的位置多在包装的侧面或背面，也可以安排在正面，设计时要采用印刷字体，以便清楚、明了。

三、说明文字

说明文字包括产品的用途、用法、保养方法和注意事项等。一般编排在包装的侧面或背面，文字内容要求简明、扼要，字体应采用印刷体。在文字编排上，要注重它的合理布局，使消费者易于快速、准确地阅读。

包装字体设计必须顺应潮流，不断创新，比如表现女性化妆品包装中的字体设计，应该体现出女性柔美和细腻的特点，所设计的字体要流畅、雅致、唯美；表现男性用品包装中的字体设计则应较为硬朗和简约；表现儿童用品包装中的字体要符合不同年龄段孩子的生理和心理特点，以稚趣、活泼、夸张的字体为主要表现手段。促销语也是体现商品特点的主要文字，设计时要配合商品名称的字体风格，使两者能呼应和统一。

在包装上，资料文字和说明文字普遍采用印刷字体，因为印刷体的字形清晰、易辨且便

05

于消费者阅读。汉字印刷体在包装上运用的主要有宋体、黑体、隶书、楷体等，不同的印刷体具有不同的风格，对于表现不同的商品特性能起到不同的作用。

像平面广告设计一样，包装设计有时可以没有图形，但是不可以没有文字，文字是传达产品信息必不可少的要素，甚至在一些包装设计中，根据独特的创意完全以文字的变化来设计画面。

书法字体具有很好的表现力，能体现不同的设计风格，是包装设计中的生动语言。

在包装设计中运用最多的还是装饰字体。装饰字体的形式多种多样，其变化主要有外形变化、笔画变化、结构变化和形象变化等多种，我们在进行字体设计时针对不同的商品内容应选择不同形式的装饰字体。

包装中的文字除字体设计以外，文字的编排处理是形成包装形象的又一重要因素。在编排中，除了注意文字的粗细、字距、大小的调整外，还要注意字与字、行与行、段与段关系的处理。包装上文字编排是在不同方向、位置、大小面积上进行整体考虑的，因此它在形式上可以产生比一般书籍装帧和平面广告文字编排更为丰富的变化，包装文字编排设计的基本要求是根据商品内容的属性、主次，从整体出发，把握编排的重点。所谓编排的重点，不一定指某一局部，也可以是编排整体形象的一种趋势或特色，比如食品包装要求文字紧凑，在编排中将各种信息以最大的可能追求视觉上的冲击力；而化妆品包装则相反，它通常以简约的编排来获得视觉上高雅和尊贵的享受。

图5-11、图5-12所示是一些优秀的包装设计作品。可以看出，这些作品无论是在颜色还是字体设计上都有其独特之处。设计的表现形式有很多，表现的方法也是多种多样，需要注意的是：要有亮点，要有创新，不论怎样的变化，最重要的是注意整体的效果。这里仅供读者学习和参考，取其精华，去其糟粕，在学习和借鉴的同时不断提高自己的设计水平和专业修养。

图5-11　优秀包装设计作品

05

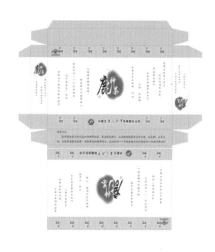

图5-12　优秀包装设计作品

图5-12　(续)

第四节　书籍装帧中的字体设计

　　书籍装帧是平面设计领域的一部分，在我们的日常生活中，好的书籍装帧设计不仅为我们带来了文化知识和信息，同时也创造了一种优雅的氛围。书籍这一古老的媒介方式在当今高速发展的大众信息传播时代中，仍具备一种前所未有的、超越时代的文化力量。书籍装帧设计通常被称为图书设计，它包括的内容很多，其中封面、扉页和插图设计是其中的三大主体设计要素。它需要从书籍的内在精神出发，通过从内容到外观的整体系列设计，把作者的思想和设计师的表现形式融为一体，生动而形象地呈现给广大读者。

　　文字和图片的有效构成是装帧设计的基本形式手段，其中对文字的处理是一项重要的工作。有时，在书籍装帧设计中，文字既是内容又是形式，它可以根据文本内容设计出具有鲜明视觉个性形象的字体，使书的内涵得到凝聚与浓缩；也可将以文字进行各种恰当的版式编排，巧妙的编排设计可以提高书籍设计的趣味和新鲜度。

　　封面设计是书籍装帧艺术的门面，它是通过艺术形象的形式来反映书籍的内容。在当今琳琅满目的图书商品中，书籍的封面起到一个无声的推销员作用，它的好坏在一定程度上影响着人们的购买欲。图形、色彩和文字是封面设计的三要素。设计者就是根据书的不同性质、用途和读者对象，把这三者有机地结合起来，从而表现出书籍的丰富内涵，并以传递信息为目的，以一种美感的形式呈现给读者。当然，有的封面设计侧重于某一点，如以文字为主体的封面设计，此时，设计者就不能随意地放一些字体堆砌于画面上，否则只能按部就班地传达信息，却不能给人一种艺术享受。暂且不说这是一种失败的设计，至少对读者来说是一种不负责任的行为。因此，设计者必须精心地考究一番才行。

　　设计者在字体的形式、大小、疏密和编排等方面都比较讲究，在传播信息的同时给人一种韵律美的享受。另外，封面标题字体的形式必须与内容和读者对象相统一。成功的设计应具有感情，例如：政治性读物应该是严肃的，科技性读物应该是严谨的，少儿性读物应该是活泼的等。

　　书籍装帧设计中的字体设计除了遵循一般的规则外，还应遵循以下四点原则。

　　◉　文字的可读性。

- 文字编排与整体设计要求。
- 视觉上的美感。
- 创造性的体现。

书籍不是一般商品，而是一种文化。因此，在封面设计中，哪怕是一根线、一行字、一个抽象符号、一块色彩，都要具有一定的设计思想。既要有内容，同时又要具有美感，达到雅俗共赏的目的，如图5-13所示。

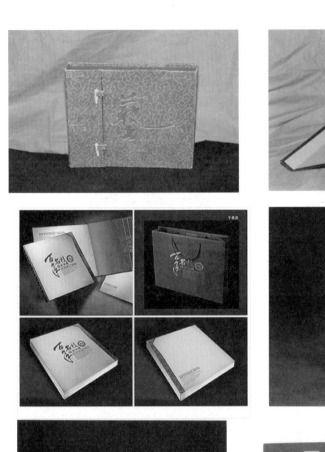

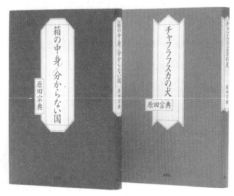

图5-13　书籍包装设计

第五节　企业标准字设计

标准字体是企业形象识别系统中的基本要素之一，应用广泛。它常与标志联系在一起，具有明确的说明性；可直接将企业或品牌传达给观众，与视觉、听觉同步传递信息，强化企业形象与品牌的诉求力；其设计与标志具有同等重要性。

一、标准字体

经过精心设计的标准字体与普通印刷字体的差异性在于：除了外观造型不同外，更重要的是它是根据企业或品牌的个性而设计的，对策划的形态、粗细、字间的连接与配置以及统一的造型等，都做了细致严谨的规划，与普通字体相比更美观、更具特色。

在实施企业形象战略中，许多企业和品牌名称趋于统一性，企业名称和标志统一的字体标志设计已形成新的趋势。企业名称和标志统一，虽然只有一个设计要素，却具备了两种功能，达到视觉和听觉同步传达信息的效果，如图5-14所示。

图5-14　企业名称和标志统一

二、标准字体设计的分类

标准字体的设计可划分为书法标准字体、装饰标准字体和英文标准字体。

（一）书法标准字体设计

书法字体设计是相对于标准印刷字体而言的，设计形式可分为两种：一种是针对名人题字进行调整编排，目前，我国一些企业主用政坛要人、社会名流及书法家的题字作为企业名称或品牌标准字体，如中国国际航空公司、健力宝、中国银行、中国农业银行的标准字体等，如图5-15所示。

图5-15　书法标准字体设计

另一种是设计书法体，或者说是装饰性的书法体，是为了突出视觉个性而特意描绘的字体，这种字体是以书法技巧为基础设计的，介于书法和描绘之间。有些设计师尝试设计书法字体作为品牌名称，产生特定的视觉效果，活泼、新颖、画面富有变化。但是，书法字体也会给视觉系统设计带来一定的困难。首先是与商标图案相匹配的协调性问题，其次是是否便于迅速识别，如图5-16所示。

图5-16　装饰性书法体

（二）装饰标准字体设计

　　装饰字体在视觉识别系统中，具有美观大方、便于阅读和识别、应用范围广等优点。小米的中文标准字体即属于这类装饰标准字体设计，如图5-17所示。

图5-17　装饰字体

　　装饰字体是在基本字形的基础上进行装饰、变化加工而成的。它的特征是在一定程度上摆脱了印刷字体的字形和笔画的约束，根据品牌或企业经营性质的需要进行设计，达到加强文字的精神含义和富于感染力的目的。

　　装饰字体表达的含意丰富多彩，例如，细线构成的字体，容易使人联想到香水、化妆品之类的产品；圆厚柔滑的字体常用于表现食品、饮料、洗涤用品等；浑厚粗实的字体则常用于表现企业的实力强劲；有棱角的字体则易展示企业个性等，如图5-18所示。

图5-18　化妆品和食品的装饰字体

总之，装饰标准字体设计离不开产品属性和企业经营性质，所有的设计手段都必须为企业形象的核心——标志服务。它运用夸张、明暗、增减笔画形象、装饰等手法，以丰富的想象力，重新构成字形，既加强文字的特征，又丰富了标准字体的内涵。同时，在设计过程中，不仅要求单个字形美观，还要使整体风格和谐统一，具有理念内涵和易读性，以便于信息传播。

(三) 英文标准字体设计

企业名称和品牌标准字体的设计一般均采用中英两种文字，以便于同国际接轨，参与国际市场竞争，如图5-19所示。

图5-19　中英文标准字设计

英文字体(包括汉语拼音)的设计与中文汉字设计一样，也可分为两种基本字体，即书法体和装饰体。书法体的设计虽然很有个性且非常美观，但识别性差，用于标准字体的不常见，常见的情况是用于人名，或非常简短的商品名称；装饰体的设计应用范围非常广泛。

从设计的角度来看，英文字体根据其形态特征和设计表现手法大致可以分为四类：一是等线体。字形的特点几乎都是由相等的线条构成；二是书法体，字形的特点活泼自由、显示风格个性，如图5-20所示。三是装饰体，对各种字体进行装饰设计，变化加工，达到引人注目、富于感染力的艺术效果；四是光学体，是根据摄影特技和印刷用网纹技术原理构成的。由于标准字是CIS的基本要素之一，其设计成功与否至关重要。当企业、公司、品牌确定后，在着手进行标准字体设计之前，应先实施调查工作，如图5-21所示。

图5-20　等线体与书法体标准字设计

图5-21　装饰体标准字设计

三、企业标准字设计的基本程序

标准字的作用绝不逊色于企业标志。而它所具有的文字的明确说明性，可直接将企业、品牌的名称打造出来，通过视觉、听觉的同步传递，强化企业的形象和品牌形象的诉求力，这也是标准字之所以产生并广受重视的原因之一。

（一）设计程序

- 对与企业有关的标准字进行调查分析。
- 确定标准字的基础造型。
- 配置标准字的笔画形态。
- 统一字体形式。
- 标准字的编排设计。

（二）调查分析

为了避免设计上的随意性，应事先了解并进行调查分析，对于企业正在使用的标准字、品牌标准字等进行收集、整合分析，从中归纳出带有共性的和规律性的东西，并比较各自的优缺点和使用后的反应。调查分析的内容包括：字体的总体风格、编排格式、识别性、易读性、延展性、系统性等。找到目标对象易于识别、认同的字体形式，作为设计标准字的参考依据，还可避免雷同而产生混淆的现象。

调查一般从以下几个方面着手。

- 有无符合行业和产品形象特征。
- 有无创新的风格和独特的形态。
- 有无传达企业的理念、发展性和信赖感。
- 有无满足产品目标消费者的喜好。
- 对字体造型进行分析，包括字体外形特征、笔画、线性、编排方式、色彩等造型要素。

（三）确定标准字的基本造型

(1) 根据企业所要传达的内容和期望建立的形象确定字体的造型。如：正方形，长方形，扁形，斜体或外形样式自由活泼的，或根据具象图案、内嵌字体等来确定字体造型。

(2) 在其中划分若干方格细线作为辅助线，以方便配置笔画，如：十字格、米字格、井字格等；还可以根据字的偏旁部首结构形式，画出所需辅助线，如图5-22所示。

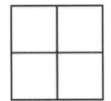 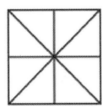 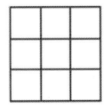

图5-22　用方格辅助文字造型

四、标准字的运用

企业的标准字一般应用在企业的名称(简称)、LOGO、商标名、商品名、企业旗帜、企业车辆、企业建筑、企业办公用品等要素上，如图5-23所示。

图5-23　标准字的运用

第六节　标志设计中应用字体设计

无论在何种视觉媒体中，文字和图片都是其两大构成要素。文字排列组合的好坏直接影响着版面的视觉传达效果。因此，文字设计是增强视觉传达效果、提高作品的诉求力、赋予版面审美价值的一种重要构成技术。

标志的本质在于它的功用性。最突出的特点是各具独特面貌，易于识别、显示事物自身的特征。标示事物间不同的意义、区别与归属是标志的主要功能。

一、文字设计的原则

文字的主要功能是在视觉传达中向消费大众传达信息，作为画面的形象要素之一，具有传达感情的作用，因而它必须具有视觉上的美感，能够给人以美的感受。而要达到此目的就必须考虑文字的整体诉求效果。

1．文字的可记忆性

文字的主要功能是在视觉传达过程中向大众传达作者的意图和各种信息。要达到这一目的，必须考虑文字的整体诉求效果，给人以清晰的视觉印象。因此，设计中的文字应避免繁杂零乱，使人易认、易懂，切忌为了设计而设计，忘记了文字设计的根本目的是为了可识别。

2．赋予文字个性

文字的设计要服从作品的风格特征。这是必需的，因为不同的行业本身会赋予标志不同的特性。譬如：国家机关的标志，其字体造型就应该深沉厚重、庄严雄伟、富于力度；饭店，根据其档次、规模，其字体造型应该或高贵雅致或生动活泼、跳跃明快。也就是说，设计首先不能脱离大环境，不能和整个作品的风格特征相脱离，更不能相冲突，如图5-24所示。

图5-24　庄严风格与雅致风格

3．在视觉上应给人以美感

在视觉传达的过程中，文字作为画面的形象要素之一，具有传达感情的功能，因而它必须具有视觉上的美感，能够给人以美的感受。字型设计良好、组合巧妙的文字能使人感到愉快，留下美好的印象，从而获得良好的心理反应；反之，则使人看后心里不愉快，视觉上难以产生美感，甚至会让观众拒而不看，这样势必难以传达出作者想要表现的意图和构想，如图5-25所示。

图5-25　视觉美感的设计

4．在设计上要富于创造性

根据作品主题的要求，突出文字设计的个性色彩，创造与众不同的、独具特色的字体，给人以别开生面的视觉感受，有利于作者设计意图的表现。设计时，应从字的形态特征与组合上进行探求，不断修改，反复琢磨，这样才能创造出富有个性的文字，使其外部形态和设计格调都能唤起人们的审美愉悦感受，如图5-26所示。

图5-26　突出个性的设计

二、文字的组合

文字设计的成功与否，不仅在于字体自身的书写，同时也在于其运用的排列组合是否得当。如果一件作品中的文字排列不当，拥挤杂乱，缺乏视线流动的顺序，不仅会影响字体本身的美感，也不利于观众进行有效的阅读，因此难以产生良好的视觉传达效果。要取得良好的排列效果，关键在于找出不同字体之间的内在联系，对其不同的对立因素予以和谐的组合，在保持其各自的个性特征的同时，又取得整体的协调感。为了产生生动对比的视觉效果，可以从风格、大小、方向、明暗度等方面选择对比的因素，将对比与协调的因素在服从于表达主题的需要下有分寸地运用，能造成既对比又协调的，具有视觉审美价值的文字组合效果。

下面将列出人们的一般阅读顺序。

1．方向

水平方向上，人们的视线一般是从左向右流动；垂直方向上，视线一般是从上向下流动；大于45°斜度时，视线是从上而下的；小于45°时，视线是从下向上流动的，如图5-27所示。

图5-27　水平方向

2．字体的外形特征

不同的字体具有不同的视觉动向，例如，扁体字有左右流动的动感，长体字有上下流动的感觉，斜体字有向前或向斜流动的动感。因此在组合时，要充分考虑不同的字体视觉动向上的差异，进而进行不同的组合处理。比如：扁体字适合横向编排组合，长体字适合作竖向的组合，斜体字适合作横向或倾向的排列。合理运用文字的视觉动向有利于突出设计的主题，引导观众的视线按主次轻重流动，如图5-28所示。

图5-28　左右流动与上下流动

3．要有一个设计基调

对作品而言，每一件作品都有其特有的风格。在这个前提下，一件作品版面上的各种不同字体的组合，一定要具有一种符合整个作品风格的风格倾向，形成总体的情调和感情倾向，不能各种文字自成一种风格，各行其是。总的基调应该是整体上的协调和局部的对比，于统一之中又具有灵动的变化，从而具有对比、和谐的效果，如图5-29所示。

图5-29　柔美风格与硬朗风格

三、常用方法

在字体设计时，运用正确的设计方法能更好地表达我们的设计思路，下面介绍几种常用的设计方法。

1．连体

我们从最简单的方法开始。最简单的方法莫过于让两个字符具有共同的笔画，如图5-30所示。巧妙地使用颜色可以起到强调某一字符的作用，特别是第二个字符更为重要时，这是一个很好的方法，如图5-31所示。

图5-30　连字一　　　　　　　　　　　　　图5-31　连字二

2．斜线与直线

倾斜的线条往往与直线能够很好地结合，为了做到这一点，最好的方法是将有线条的字母切成两半。采用这个方法，我们可以完美地将A和B结合起来。但是，中间的横线没有对齐，在这里，我们使用A最顶端的横线来代替中间的横线，如图5-32所示。

图5-32　斜线与直线的运用

3．大写与小写

大写字母和小写字母结合往往有很好的效果，一个大写的I不可以与任何字母结合，那样它自己就会消失；但是小写的i就没有这个问题，它那独立的圆点使其更具有亲和力。如图5-33所示，它与M和u完美地结合在一起。

图5-33　大小写的结合

4．中间笔画的连接

很多字母都有中间笔画，它们可以通过这些笔画方便地连接起来，我们所要做的就是把这些笔画延长。为了分辨每个字母，我们可以在笔画交错的地方做好切口，或者更为简单的，使用不同的颜色，如图5-34所示。

图5-34　中间笔画的连接

5．水平线

有些字母拥有共同的顶部水平线，它们可以通过这些线简单地结合起来，不过这样往往会有一种排列过于紧凑的感觉。为了避免这种情况的发生，可以给它们加上底纹，或者使用有锯齿的字体，如图5-35所示。

图5-35　共用水平线

6．截除线条的一部分

对于有斜线条和枝杈的字母(例如F、K、T、V、W、X、Y、Z)，可以截除线条的一部分。这个方法特别适用于serif字体系，如图5-36所示。

图5-36　截除线条的某部分

7．反相

试着将一些字母的颜色反相，有时会有意想不到的效果，特别是有三个字母时，试着将中间的那个字母反相，如图5-37所示。

图5-37　反相

8．剪切

剪切掉字母的底部，读者的好奇心会使他们想看见图像的全部，我们只要把说明文字放在下面就可以收到很好的效果，如图5-38所示。

图5-38　剪切

05

9．使用白线

看看图5-39左图中结合在一起的LP，是不是有点显得关系不清？图5-39中的右图是其解决方案：在字母的结合部做一个小缺口，然后画上白色的中线用来指引视线，如图5-39所示。

图5-39　使用白线

10．连接的环

一个带环的字母可以和另外一个带环的字母套在一起，就像五环标志那样，这样使它们看起来像是一个整体，如图5-40所示。

11．覆盖

将一个字母覆盖到另一个字母之上，然后用一个共同的色彩填充，把它们合并起来，在图5-41所示的例子中，一个色彩的渐变把两个字母合并成了一个整体。

图5-40　将文字连接

图5-41　覆盖

12．编织

巧妙地将邻接的曲线编织在一起可以创造出优雅的效果。当然，不同的字体可能需要不同的编织技巧，如图5-42所示。

图5-42　编织在一起

13．亮点

亮黄色的小点遮住了两个字母的连接点，这样，两个字母的连接就不显得那么突兀了，如图5-43所示。

14．组合

从图5-44中可以看到，几乎不能结合在一起的两个字母通过有趣的形状和色彩组合到了一起，虽然完全不同，但是当我们的双眼注视它们时，它们就好像是一个整体。

图5-43　亮点　　　　　　　　　图5-44　组合字母

 拓展知识

05

计算机中字形库分为低分辨率和高分辨率两大类

低分辨率字形库用于一般的信息处理系统，它又分为三个档次：低档简易型（16×16点阵）、中档普及型（24×24点阵）、高档提高型（32×32点阵）。高分辨率字形库主要用于印刷系统。用于印刷系统的字形库必须在64×64点阵以上，而激光照排系统精密字库则需要100×100以上的点阵字形。

一、点阵方式

点阵字形是一种文字在计算机字库中字形信息的存储方式，这种方式称为点阵数字化。文字无论怎样变化都可以写在同样大小的方格内，即把一个方格分成256个小方格，或有256个"点"。点阵中每个点都有一种状态，即有笔画和无笔画。有笔画的就可以描绘文字的字形，所以称为点阵字形。若用二进制数字来表示点阵，则1表示有笔画，0表示无笔画，点阵字形就可用一连串的二进制数字来表示，这种方法称为点阵数字化。点阵的点数越多，文字的信息量越大，字形表示越精确。

点阵字形的特点：低标准点阵字的特点是能使用单纯字，字形不规整，有明显的阶梯，缺乏美感。点数越多，字的精度就越高，这样才能体现出字体的风格。但是，这种点阵的字体若要用于印刷，字体的信息量很大，不方便，而且效果还不如其他形式的字库。

这种方式主要用于计算机的显示和打印输出。

二、精密型字库

精密型字库也称数字化字库。一般是由200×200、400×400以上的点阵组成，能用于照排和印刷。近年来，国际上流行的Postscript页面描述语言发展很快，这种语言把字形看成图形，把文字作为图形处理，从而使字形变化十分丰富且更加美观。特点是字形美观，边缘光滑，笔画舒展自然，能完美再现字体的风格。但是，随着印刷精度的提高，这种字库也不能很好地满足印刷要求。

三、矢量轮廓字库

精密字库只是针对300DPI左右的输出，出现1000DPI的要求时，字体放大后就会有锯齿，若字库太大则不利于存储和传输。为解决这些缺点，于是便出现了矢量轮廓字库。一般采用与压缩点阵相同的前端技术。在形成点阵之后，用自动抽取轮廓的方法对点阵信息抽边，形成高离散的轮廓描述；然后，采用直线拟合的方法对离散轮廓做逼近形成轮廓的矢量描述；随后采用修图的方法对初始轮廓做修正，使其达到效果。这样文字就可以方便地进行变换，如缩放、旋转、空心、加网、倾斜等。但是，这种方法做出的文字连续性不好，忠实度不够，在放大一定程度时有折痕。

四、高阶曲线轮廓字库

高阶曲线轮廓字库描述核心采用二次或三次曲线作为基准，用特殊的手段保证在平滑过渡点的连续性。这种字库解决了前几代字库存在的问题，不仅连续性好，而且字形美观，变化丰富，不易走形。它能够更好地符合印刷及高质量输出的要求。

案例欣赏

05

优秀字体设计作品欣赏

点评：此作品设计风格简洁大方、有亮点，突出设计行业专业性。

点评：该作品设计风格大气、时尚，体现成都天府之国的韵味，设计中加入了祥云元素，现代与传统相结合。

点评：该作品"潮人社"的英文是TRENDY CLUB，中文翻译是潮流俱乐部的意思。作品设计风格大气，黑白两色对比强烈，给人以时尚的感觉。

点评：该作品设计风格简单大气、时尚靓丽，突出美容行业的特点。

点评：该作品设计风格简洁大方，黑白对比强烈，但作品简洁而不简单，这才是我们在设计中需要追寻的感觉。

点评：该作品简洁、造型感强，体现出行业的特点，具有高贵感，设计细节值得学习。

点评：该作品设计风格简洁、明了、时尚，给人以高档的感觉。

点评：该作品设计风格简单、明了，富有生活气息，贴近生活，给人以温暖的感觉。

05

点评：该作品设计风格时尚、简洁，颜色采用紫色，给人以高贵、典雅、文静的感觉。

点评：设计中主要考虑整体风格的简洁和容易识别性。将字母"Y"进行创意设计，使其看起来非常有立体感，简单而丰富。中英文的设计简洁大方，给人以稳重的感觉。

（参考网站：字体中国，http://www.font.com.cn/fontzd/）

思考与练习

1. 字体设计在实践中的运用有哪些方面？
2. 什么是标准字体？

实训课堂

设计标准字

项目背景

一个正规的公司必须统一规范自己的公司名称。于是，在公司开业以后，都会先把自己公司的标准字制作出来，以便公司在开展各项业务时能随取随用。请为"三人行"广告有限公司设计一组中英文标准字。

项目要求

了解标准字的制作要素，学会使用移动、文字工具。设计两种不同方案，用色大胆，创意独特。

项目分析

标准字是指一种适合企业的特定的文字造型，是根据企业的理念、经营属性而设计的专用字体，并以此来树立企业形象。标准字一般包括企业名称的中、英标准字和产品(品牌)标准字，在字体结构上不能与一般的印刷体相同，标准字的字体、字距和形式感都要经过严格的设计。

第六章

版式设计的概念

学习要点及目标

- 了解版式设计的基本概念和发展趋势。
- 了解东西方版式设计之间的不同之处。
- 了解版式设计的基本原则。
- 了解桌面排版系统的应用。

版式设计是现代设计的重要组成部分,也是视觉传达的重要手段。它是将文字、插图、图形、标志等视觉元素给予有机的整理配置,做总体的安排布局,将理性思维个性化地展示出来,使其成为具有最大诉求效果的构成技术。从表面上来看,它是关于编排的学问,而实际上,它不仅是一种技能,更是技术与艺术的高度统一。版式设计是现代设计师必须具有的艺术修养与技术知识。

版面设计理论的形成源自20世纪的欧洲。英国人威廉·莫里斯最先倡导了一场工艺美术运动,并随之在欧美得以广泛响应。在平面设计中,他尤其讲究版面编排,强调版面的装饰性,通常采取对称结构,形成了严谨、朴素、庄重的风格。莫里斯的古典主义设计风格开创了版式设计的先导。直到今天,人们仍能感受到这场工艺美术运动的深远影响。

06

引导案例

亚述教育科技的宣传册、广告案例

北京亚述教育科技有限公司是一家专业的青少年创新思维培养的教育培训机构。

亚述教育作为中国主要科技教育培训机构之一,具有深厚的品牌实力。一个完整的VI系统是公司企业文化的最直观的体现,作为一个主要面向全国青少年的VI(如图6-1所示)是时尚且国际化的,同时体现出高新科技、勇于创新、朝气蓬勃的企业精神。

(a) 亚述教育科技体验馆宣传册

图6-1 亚述教育科技的宣传册、广告

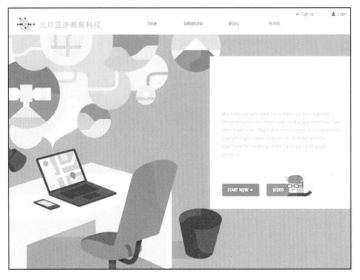

(b) 亚述教育科技的网站

(c) 亚述教育科技的街边广告

(d) 亚述教育科技的手机APP页面

(e) 亚述教育科技产品说明书

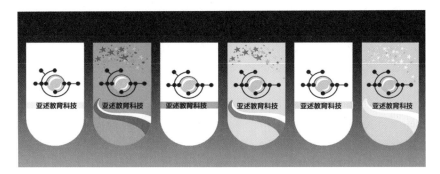

(f) 亚述教育科技POP

图6-1　（续）

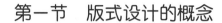

第一节　版式设计的概念

版式设计是现代设计艺术的重要组成部分，是视觉传达的重要手段。从表面上看，它是关于编排的学问，而实际上，它不仅是一种技能，更是技术与艺术的高度统一。版式设计是现代设计师必须具有的艺术修养与技术知识。

一、什么是版式设计

版式设计也称为版面编排。所谓编排，即在有限的版面空间内，将版面构成要素——字字体、图形图片、线条线框和颜色色调等诸多要素，根据特定内容的需要进行组合排列，并运用造型要素和形式原理，把设计计划及构想以视觉形式表达出来，也就是寻求以艺术手段来正确地表现版面信息，它是一种直觉性、创造性的活动。

编排是建立有序版面的理想方式。排版设计是平面设计中最大的一个分支，它不仅能在二维上发挥它的功效，在三维立体和四维空间中也能感受到它的效果。例如，包装设计中的各个特定的平面，展示空间的各种识别标志的组合，以及都市商业区中悬挂的标语和霓虹灯等。

二、版式设计的应用领域

版面构成是平面设计中重要的组成部分，也是一切视觉传达艺术施展的大舞台。版面构成是伴随着现代科学技术和经济的飞速发展而兴起的，并体现着文化传统、审美观念和时代精神风貌等方面，被广泛地应用于报纸广告、招贴、书刊、包装装潢、直邮广告(DM)、企业形象(CIS)和网页等所有平面、影像的领域，为人们营造新的思想和文化观念提供了广阔天地。版面构成艺术已成为人们理解时代和认同社会的重要界面。

三、现代版式设计的发展趋势

1．强调创意

平面设计中的创意有两种：一是针对主题思想的创意；二是版面编排设计的创意。将主题思想的创意与编排技巧相结合的表现已成为现代编排设计的发展趋势。在编排的创意表现中，文字的编排具有强大的表现力，它能够进行生动、直观、富有艺术的表现与传达。文字与图形的配置已不是简单的、平淡的组合关系，而是更具有积极的参与性和创意表现性，与图形达成最佳配置关系来共同表现思想和情感。这种手法给设计注入了更深的内涵和情趣，是编排形式的深化，是形式与内容完美的体现。

2．突出个性

在版式设计中，追求新颖独特的个性表现，有意制造某种神秘、无规则、不理想的空间，或者以追求幽默、风趣的表现形式来吸引读者，引起共鸣，乃是当今设计界在艺术风格上的流行趋势。这种风格摆脱了陈旧与平庸，给设计注入了新的生命。在编排中，除图片本身具有趣味外，再进行巧妙地编排和配置，可营造出一种妙不可言的空间环境。在很多情况下，图片平淡无奇，但经过巧妙组织后，即可产生神奇美妙的视觉效果。

06

3．注重情感

"以情动人"是艺术创作中奉行的原则。在版面编排中，文字编排表述是最富于情感的表现。例如，文字在"轻重缓急"的位置关系上，就体现了感情的因素，即"轻快、凝重、舒缓、激昂"。另外，在空间结构上，水平、对称、并置的结构表现严谨与理性；曲线与散点的结构表现自由、轻快、热情与浪漫。此外，出血版使感情舒展，框版使感情内蕴，留白富于抒情，黑白富于庄重、理性等。合理运用编排的原理来准确传达情感，或清新淡雅，或热情奔放，或轻快活泼，或严谨凝重，这正是版式设计更高层次的艺术表现，如图6-2所示。

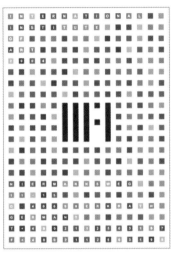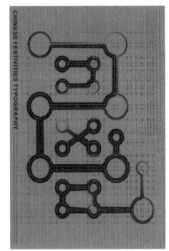

图6-2　版式设计不同领域的表现

 拓展知识

包豪斯简介

一、包豪斯的诞生

包豪斯是影响世界深远的设计院校。"包豪斯"是德文DAS STAATLICHES BAUHAUS的译称，英文译名应为State Building Institute。"Bauhaus"是格罗皮乌斯专门生造的一个新字。"bau"在德语中是"建造"的意思，"haus"在德语中是"房子"的意思，因此"Bauhaus"就是"造房子"。从这个新造字的字面意义就能看出，格罗皮乌斯是试图将建筑艺术与建造技术这个已被长期分隔的领域重新结合起来。更广泛地说，艺术与工艺应该合二为一，唯有如此，才是真正的现代设计。

1919年3月16日，魏玛内务大臣弗列希委派格罗皮乌斯担任"市立美术院"与"市立艺术工艺校"校长职务。3月20日，格罗皮乌斯建议并获准将两所学校合并，因此，在现代设计史上，1919年成为一个重要的起点，在这一年的4月1日创立的"国立包豪斯设计学校"，是世界上第一所真正为发展现代设计教育而建立的学院，为工业时代的设计教育开创了新纪元。

二、包豪斯产生的历史背景

欧洲工业革命之前的手工工艺生产体系是以劳动力为基点的，而工业革命后的大工业生产方式则是以机器手段为基点。手工时代的产品，从构思、制作到销售，全都出自艺人(工匠)之手，这些工匠以娴熟的技艺取代或包含了设计，可以说，这时没有独立意义上的设计师。工业革命以后，由于社会生产分工，于是，设计与制造相分离，制造与销售相分离，设计因而获得了独立的地位。然而，大工业产品的弊端是：粗制滥造，产品审美标准失落。究其原因在于：技术人员和工厂主一味沉醉于新技术、新材料的成功运用，他们只关注产品的生产流程、质量、销路和利润，并不顾及产品的美学品位。而另一个重要的原因在于艺术家不屑关注平民百姓使用的工业产品。因此，大工业中艺术与技术对峙的矛盾十分突出。19世纪上半叶，形形色色的复古风潮为欧洲社会和工业产品带来了华而不实、烦琐庸俗的矫饰之风，例如，罗可可式的纺织机、哥特式蒸汽机以及新埃及式水压机。产品设计中如何将艺术与技术相统一，引发了一场设计领域的革命。

包豪斯的创始人格罗皮乌斯在其青年时代就致力于德国制造同盟。他区别于同代人的地方是，他以极其认真的态度致力于美术和工业化社会之间的调和。格罗皮乌斯力图探索艺术与技术的新统一，并要求设计师"向死的机械产品注入灵魂"。他认为，只有最卓越的想法才能证明工业的倍增是正当的。格罗皮乌斯关注的并不只局限于建筑，他的视野面向所有美术的各个领域。文艺复兴时期的艺术家，无论达·芬奇还是米开朗琪罗，他们都是全能的造型艺术家，集画家、雕刻家甚至是设计师于一身，而不同于现代社会中分工具体化了的美术家，包豪斯对建筑师们的要求也是希望他们是这样的"全能造型艺术家"。

三、包豪斯的原则

包豪斯的理想就是要把美术家从游离于社会的状态中拯救出来。因此，在包豪斯的教学中谋求所有造型艺术间的交流，他把建筑、设计、手工艺、绘画、雕刻等一切都纳入了包豪斯的教育之中。包豪斯是一所综合性的设计学院，其设计课程包括新产品设计、平面设计、展览设计、舞台设计、家具设计、室内设计和建筑设计等，甚至连话剧、音乐等专业都在包豪斯中设置。

包豪斯的原则有三条，如下。

- 艺术与技术相统一。
- 设计的目的是人，而不是产品。
- 设计必须遵循自然和客观的原则来进行。

四、包豪斯的思想

包豪斯的崇高理想和远大目标可以从包豪斯宣言中得到体现。

"完整的建筑物是视觉艺术的最终目标。艺术家最崇高的职责是美化建筑。今天，他们各自孤立地生存着，只有通过自觉，并和所有工艺技师共同奋斗，才能得以自救。建筑家、画家和雕塑家必须重新认识，一幢建筑是各种美感共同组合的实体。只有这样，他的作品才可能灌注建筑的精神，以免迷失流落为'沙龙艺术'……

建筑家、雕刻家和画家们，我们都应该转向应用艺术……"

宣言由36岁的格罗佩斯执笔，扉页上是表现主义版画家费宁格所做的星光照耀下的大教堂，从宣言中可以看到威廉·莫里斯和凡·德·维尔德的思想影响。

五、包豪斯对现代设计的影响

包豪斯的建校历史虽然仅有14年3个月，毕业学生不过520余人，但它却奠定了机械设计文化和现代工业设计教育的坚实基础。

(1) 包豪斯的办学宗旨是培养一批未来社会的建设者。他们既能认清20世纪工业时代的潮流和需要，又能充分运用他们的科学技术知识去创造一个具有人类高度精神文明与物质文明的新环境。正如格罗皮乌斯所说："设计师的第一责任是他的业主。"又如纳吉所说："设计的目的是人，而不是产品"一样，事实上，包豪斯在调和"人"与"人为环境"的工作方面所取得的丰硕成果已远远超过了19世纪的科学成就。包豪斯的产生是现代工业与艺术走向结合的必然结果，它是现代建筑史、工业设计史和艺术史上最重要的里程碑。

(2) 包豪斯打破了将"纯粹艺术"与"实用艺术"截然分割的陈腐落伍的教育观念，进而提出"集体创作"的新教育理想。

(3) 包豪斯完成了在"艺术"与"工业"的鸿沟之间的架桥工作，使艺术与技术获得新的统一。

(4) 包豪斯接受了机械作为艺术家的创造工具，并研究出大量生产的方法。

(5) 包豪斯认清了"技术知识"可以传授，而"创作能力"只能启发的事实，为现代设计教育立下了良好的规范。

(6) 包豪斯发展了现代的设计风格，为现代设计指示出正确方向。

(7) 包豪斯的设计在当时被人们指斥为野蛮和傲慢，是对古典文明的叛逆。尽管现在人们已用"包豪斯风格"来表示对包豪斯的尊敬，但格罗皮乌斯本人却坚决反对这种提法，他指出包豪斯的宗旨在于反对把风格变成僵死的教条。

(8) 格罗皮乌斯和包豪斯的理想"把人作为尺度""平衡的全面发展"，在其教育体系中得到充分的体现。特别是作为包豪斯的基础课程的创造者约翰·伊顿教授，以东方传统的精神文化与西方的科学进步相结合，以克服所谓现代物质文明所带来的危机。他十分注重启发学生的个性，把学生分为倾向精神表现的、倾向理性结构的、倾向真实再现的三种类型而予以不同的指导。伊顿的这种体系与我国传统的教育方法有许多惊人的相似之处，与东方的"以意为之"的表现体系非常吻合。

第二节　版式设计的历史发展

现代版式设计经历了从工业化社会到信息化社会的转变，在形式表现和整体形象上，都备受东西方审美思潮和艺术风格的影响。随着现代设计的多元化发展，传统版式的形式、运用法则逐渐被打破，对未来的版式设计也提出了新的要求。版式设计也要与时俱进，适应新的时代需要，呈现崭新的面貌。

到了信息时代的今天，版式设计应用领域越来越广泛，表现形式也越来越丰富。

一、早期的版式设计

无论是东方还是西方，人类最早的视觉传达方式都是利用简单而又形象的图形来进行创造的。与人类创造文字一样，早期的版式是简单的直观布局，提供象形符号排列，供人们识别和记录。由于符号、图形、工具和材料等的限定，早期的版式在今天看来是非常简单的，但也有其鲜明风格。从最早的古埃及、古希腊、古罗马文明到古代中国的历史文明中，我们可以清晰地从文物和文献记录中分辨出它们的鲜明特点。

(一) 古代中国

古代中国对版面编排的发展有两大贡献：一是印刷术，二是造纸术。这两大发明改变了中国的版面，同时也改变了世界的版面。

中国目前发现最早的文字出现在殷商时期，这种文字大多刻在兽骨和龟甲上，也就是我们所熟知的甲骨文。当时的文字排列顺序尚未形成定式，一般纵向阅读是由上到下，横向阅读方式不一定，从右至左或从左到右都可以。后来又发展成为刻在金属、石头上的文字，即我们所说的金石文字、石鼓文。之所以要将文字刻在金石上，是因为当时的人们认为其他的各种材料会腐朽烂掉，都不能永久地保存文字，因此他们的子孙便不能得到长远的庇佑；而当时的文字很大程度上是做占卜之用，或忠实地记录下当时发生的一些重大事件，留给子孙后代。这种文字在很大程度上已经具备了后世中国文字及编排方式的雏形，对中国古代书写阅读习惯的形成起了承上启下的作用，如图6-3所示。

图6-3　中国古代书写阅读习惯

(二) 古埃及

很久以前，古埃及人学会了用莎草做成莎草片并在上面书写文字，古埃及风格的版式布局具有独特性，它以纵横方向布局来排列展开，将图形和符号插入其中，具有鲜明的装饰性。垂直与水平的交相辉映，更加强了古埃及版式的韵味，并显得井井有条。在世界各大博物馆中，古埃及的雕刻与石刻是非常吸引人的，它特有的文字符号和精美讲究的布局版式往往一下就能抓住观者的视线。古埃及的版式典雅而富有装饰感，并透出古朴和神秘的气息，鲜明的风格令人叫绝，更使人难忘，这就是古埃及文明的魅力所在，如图6-4所示。

(三) 古希腊

古希腊文明是人类文明兴盛历程中极为重要的时期，也是西方文明的起源点。人类文字从形象过渡到使用拼音来组合使用就产生在古希腊，确切地说，在古希腊还稍前一些。伴随拼读文字而诞生的字母体系是人类文字进化的重要转折点，它是古希腊对人类文明的伟大贡献。字母的出现自然影响了早期版式排列的结构，古希腊的许多版式风格与样式均彰显出规范化、标准化的气息，有一种超乎于自然的理性之美。

在古希腊，人文科学与自然科学突飞猛进，一派繁荣景象，诞生了像荷马史诗《奥德赛》这样不朽的作品。这一时期，由于文化的兴盛，希腊字母和抄本等记录形式得到了充分的完善和发展，同时版式是一种十分讲究的文化格调，从而得到各阶层高度的重视，有了不小的进步。

（四）古罗马

古罗马是继古希腊文明后又一个文化鼎盛时期。在西方，古罗马文明影响深远，它完善并创立了拉丁文字，成为以后西方通用的基本文字体系。拉丁字母以古希腊字母为基础，重新规范并加以创新设计，每一个字母都具有独立的装饰性。那时形成的一种罗马字体一直沿用至今。古罗马时期版式风格的显著特点就是典雅、庄重、华贵，这种气质来源于罗马帝国的强盛、文化的勃兴，也来源于对字体的理性设计和罗马建筑风格的造型特点，它是一种综合的体现，如图6-5所示。

古罗马以后，从中世纪一直到12世纪，西方的版式风格和字体演变基本还是延续了古罗马特点的样式，其间历朝历代战乱不止，但这种古典风格却流传深远，一直影响西方后来版面设计的风格演变。从遗留下来的中世纪手抄读本和宗教文本中可以明显看出，那时的版面和字体风格是非常相近的。12世纪西方进入哥德风格，14世纪进入文艺复兴时期，由于经济文化的迅速发展，西方在版式风格上有了不小的进步和变化，并且留下了不少的经典作品。值得一提的是，自15世纪从中国引入了印刷术后，彻底改变了手抄的版式风格，是印刷技术使西方版式设计进入了辉煌阶段。此时各种插画、书籍等印刷物在西方大量出现，进一步满足了人们不断提高的文化需求，同时也大大促进了商业的繁荣。

06

图6-4　古埃及版式

图6-5　古罗马版式风格

二、新艺术运动时期的版式设计

平面广告的发展离不开设计艺术的发展，而设计水平的提高总是伴随着社会的进步和人类理性的成长。19世纪下半叶，英国兴起了"工艺美术运动"(The Arts & Crafts Movement)，标志着现代设计时代的到来。

19世纪中叶，英国设计师、色彩专家欧文·琼斯(Owen Jones，1809—1874)写成《世界装饰经典图鉴》一书，通过大量有关美的设计原理、方法和实例的描写而成为19世纪美术设计师的一本"圣经"。

1850年，哈珀印刷公司开创了画报时代，其代表性范例有《哈珀画报》和《哈珀青年》等，这些杂志专门配有美术编辑，从而促进了编辑设计的发展。

工艺美术运动的领袖人物是英国艺术家、诗人威廉·莫里斯(William Morris，1834—1896)，他提倡合理地服从于材料性质和生产工艺、生产技术和设计艺术的区别，认为"美就是价值，就是功能"。莫里斯有句名言："不要在你家里放一件虽然你认为有用，但你认为并不美的东西。"其含义自然是指功能与美的统一，如图6-6所示。

图6-6　排版设计

在英国工艺美术运动的感召下，欧洲大陆又掀起了一个规模更为宏大、影响更为广泛、程度更为深刻的"新艺术运动"(Art Nouveau)。新艺术运动是19世纪末20世纪初在欧洲和美国产生和发展的一次影响面相当大的装饰艺术运动，涉及数十个国家，从建筑、家具、产品、首饰、服装、平面设计、书籍插图，一直到雕塑和绘画艺术都受到影响，延续时间长达十余年，是设计史上一次非常重要且具有相当影响力的形式主义运动。

英国和美国的"工艺美术运动"比较重视中世纪的哥德风格，把哥德风格作为一个重要的参考与借鉴来源；而"新艺术运动"则完全放弃任何一种传统装饰风格，完全走向自然风格，强调自然中不存在直线、自然中没有完全的平面，在装饰上突出表现曲线、有机形态，而装饰的动机基本来源于自然形态，如图6-7所示。

图6-7　"新艺术运动"时期的版式设计

平面广告在"新艺术运动"中得到较快的发展。由于广告的首要目的是通过视觉来传递信息，所以广告设计就不得不设法给予人们的视觉以美感，从而引起人们的注意，使人产生兴趣。

三、现代风格的版式设计

20世纪20年代开始，随着现代主义思想的兴起，在西方，以"包豪斯构成主义风格派"为核心的现代主义设计诞生，它全面影响了平面设计和版式设计的风格。现代主义版式风格强调"功能决定形式"的法则，以简单的几何抽象和简洁的文字，结合摄影以及骨骼编排等法则组织画面，以传达信息为第一目标。

在德国，通过现代设计运动的先驱沃尔特·格罗皮乌斯(Walter Gropius，1883—1969)、米斯·凡德洛(Mies Van der Rohe，1886—1969)等人的努力，通过他们所创立的世界上第一所设计学院——包豪斯，使现代设计达到了惊人的高度，取得了非常重要的成果。思维上、方法上和形式上对其后的设计均产生了积极深刻的影响，基本改变了过去设计的内涵和本质。由于第二次世界大战的影响，现代主义设计及其代表人物移师美国，在那里得到了健康而迅速的发展，并逐渐形成了空前的国际主义风格浪潮。

(一) 构成主义风格的版式设计

构成主义风格的版式设计的特点是：无装饰、简单、明确和理性。版面上各种元素进行拆解重构，采用自由和活泼的创新手法，打破传统编排语法；汲取电影中"蒙太奇"的手法处理，形式上注重点、线、面的组合规律，功能上以传达信息为主。如图6-8所示。

图6-8　构成主义作品

(二) "风格派"的版式设计

在荷兰产生的"风格派"也异常活跃，其代表人物是发起者杜斯博格(Theo Van Doesburg，1883—1931)。他与荷兰画家蒙德里安于1917年创刊的《风格》杂志充分表达了他们的观念。如同德国的包豪斯一样，"风格派"确立了一个艺术创作和设计的明确目的，强调艺术家、设计师的合作，强调集体和个人之间的平衡。他的作品强调纵横结构、几何性与数理性，力求以"减少主义"的设计形式来确立平面设计的国际风格。如图6-9所示。

荷兰画家蒙德里安也是风格派运动幕后艺术家和非具象绘画的创始者之一，对后代的建筑、设计等影响很大，其作品以几何图形为绘画的基本元素。对蒙德里安来说，形体不是表示特殊的状况和特征，而是还原于自然所具有的自然的、永恒的要素。蒙德里安的作品充分表达了他的艺术思想，如图6-10所示。

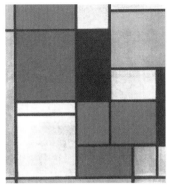

图6-9　杜斯伯格作品　　　　图6-10　蒙德里安抽象几何作品

四、20世纪东西方设计的发展

如果我们用一个词来概括形容20世纪60年代的设计风格，那么最恰当的就应该是"波普"。"波普"设计运动是一个反现代主义设计运动，即反对自1920年以来，以德国包豪斯为中心发展起来的现代主义设计传统。美国的大众文化和消费文化已经成为英国和欧洲"波普"设计运动的参考依据和灵感来源，图6-11所示为"波普"风格作品。美国设计基本沿着两个不同的路径发展：一个是国际主义的大企业行为，它代表资本主义的主流发展方向；另一个是独立的设计事务所的迅速增加，并且开始进入新的设计领域——企业形象设计。

图6-11　"波普"风格作品

日本是世界发达国家中唯一的非西方国家，它的工业革命比西方国家迟了100年以上，它从1953年前后开始发展自己的现代设计，到20世纪80年代它已经成为世界上最重要的设计强国之一。日本设计有两种完全不同的风格特征：一种是比较民族化的、温煦的、历史的传统设计，另一种则是国际的、超前的、发展的现代设计。这种传统与现代双轨并行的体制所获得的成功，为那些具有悠久历史传统的国家提供了非常有意义的样板，如图6-12所示。

图6-12 日本设计作品

五、后现代风格的版式设计

现代主义版式风格鲜明，影响深远，尤其是国际主义版式设计更是将简洁、抽象的减少主义风格以公式化的形式推向全世界，提高了传达的功效，满足了社会的普遍需求，如图6-13所示。但它的缺点是没有兼顾人们个性心理的需求，所以，从20世纪70年代开始，一种新的版式风格出现了，它被称为后现代主义版式风格。它是版式的一种改良设计，主要手法是以装饰性来丰富版面的视觉效果，主张设计要满足心理需求，打破了国际主义"功能唯一"的垄断风格和设计标准。后现代主义版式风格采用折中的方法，一方面继承现代主义的布局风格，注重视觉传达的功效；另一方面将传统和历史的装饰符号融合进去，使版面呈现生动多趣的效果，如图6-14所示。

在世界各国，各种后现代风格多样纷呈，创新之风大兴，风格流派有怀旧的、古典的、象征的、装饰的、科技的、构成的和民族风格的，各色各样，从20世纪70年代直至今天，这种研究和探索还在继续。

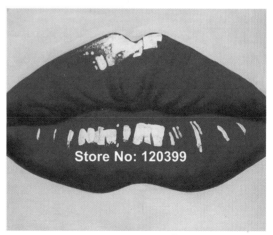

图6-13 国际主义风格作品　　　　图6-14 后现代主义风格作品

06

第三节　版式设计的基本原则

一、思想性与单一性

　　一个成功的版面构成，首先必须明确客户的目的，并深入了解、观察、研究与设计有关的方方面面。版面离不开内容，更要体现内容的主题思想，用以增强读者的注意力与理解力。只有做到主题鲜明突出，一目了然，才能实现版面构成的最终目标。主题鲜明突出是设计思想的最佳体现。

　　平面艺术只能在有限的篇幅内与读者接触，这就要求版面表现必须单纯、简洁。实际上，强调单纯、简洁并不是单调、简单，而是信息的浓缩处理，内容的精炼表达，这是建立于新颖独特的艺术构思上的。因此，版面的单纯化，既包括诉求内容的规划与提炼，又涉及版面形式的构成技巧，如图6-15至图6-17所示。

图6-15　突出重点　　　　图6-16　加强主体形象　　　　图6-17　版面构成简单、易记

　　其中：图6-15以产品本身作诉求重点，充斥整个版面，显得突出醒目；图6-16为放射形构图形式，将主体图形和文字放置在版面中心位置，加强主体形象的注视率；图6-17所示的版面构成简洁、色彩简洁明快，使观众瞬间过目不忘，达到了视觉最佳境界。

二、艺术性与装饰性

　　版面的装饰因素是文字、图形、色彩等通过点、线、面的组合与排列构成的，并采用夸张、比喻、象征的手法来体现视觉效果，既美化了版面，又提高了传达信息的功能。装饰是运用审美特征构造出来的。不同类型的版面信息具有不同方式的装饰形式，它不仅起着排除其他、突出版面信息的作用，而且又能使读者从中获得美的享受，如图6-18至图6-20所示。

图6-18 艺术趣味浓烈

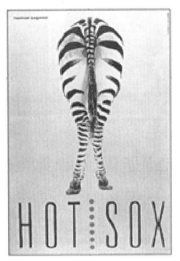

图6-19 增加版面装饰美

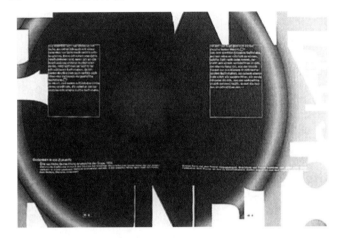

图6-20 产品与文字相结合

其中：图6-18所示的版面中富有艺术趣味的构成，具有浓烈的设计意识；图6-19取斑马背部富有特征的纹理来增强版面的装饰味；图6-20中产品与文字的完美结合显示其独特的装饰魅力。

三、趣味性与独创性

版面充满趣味性可使传媒信息如虎添翼，起到了画龙点睛的传神功力，从而更吸引人、打动人。趣味性可采用寓言、幽默和抒情等表现手法来获得。

独创性原则实质上是突出个性化特征的原则。鲜明的个性是版面构成的创意灵魂。试想，一个版面多是单一化与概念化的大同小异，人云亦云，可想而知它的记忆度有多少，更谈不上出奇制胜。因此，要敢于思考，敢于别出心裁，敢于独树一帜，在版面构成中多一点个性而少一些共性，多一点独创性而少一点一般性，如图6-21、图6-22所示。

其中：图6-21所示的版面达到了此时无声胜有声的境界；在图6-22中，为了突出产品，连长相如何也可不顾及，这种独特的版面诉求能够给读者以视觉的惊喜。

06

图6-21　突出主题

图6-22　突出产品

四、整体性与协调性

版面构成是传播信息的桥梁，所追求的完美形式必须符合主题的思想内容，这是版面构成的根基。只讲表现形式而忽略内容，或只求内容而缺乏艺术表现，这样的版面都是不成功的。只有把形式与内容合理地统一，强化整体布局，才能取得版面构成中独特的社会和艺术价值，才能解决设计应说什么，对谁说和怎么说的问题。

强调版面的协调性原则，也就是强化版面各种编排要素在版面中的结构以及色彩上的关联性。通过版面的文、图间的整体组合与协调性的编排，使版面具有秩序美、条理美，从而获得更良好的视觉效果，如图6-23至图6-26所示。

图6-23　图文组合协调性

图6-24　突出主题、强调整体感

图6-25　强调版面整体感　　　　图6-26　版面条理感强

　　其中：在图6-23中，主体与文字的穿插，既产生前后的空间层次变化，而又不失为一个整体；在图6-24中，版面图形运用同一因素不同形象，具有理性色彩，从而达到版面的整体感与协调感。在图6-25和图6-26中，版面图片的秩序化构成，具有一种韵律的节奏感。

第四节　如何认识和学习版式设计

　　了解版式设计的基本概念和基本功能以及它的基本原理，不仅对其形态、色彩、肌理、空间、版面、文字等设计要素进行研究，而且对其排列组合表现的可能性进行深入学习和探索。通过对版面视觉元素、编排形式法则的研究和练习，掌握版面编排设计的基本规律和基本技巧，触类旁通，从而为今后的各项专业设计打下坚实的编排设计能力基础。

一、版式设计的使命

　　过去一讲到排版设计，人们自然把它局限于书籍、刊物之中。还有人认为，排版设计只是技术工作，不属于艺术范畴，所以不重视它的艺术价值。实际上，版面不再是单纯的技术编排，排版设计是技术与艺术的高度统一体，而信息传达之道靠的就是设计的艺术。随着社会的不断进步、生活节奏的加快和人们的视觉习惯的改变，这就要求设计师们更新观念，重视版面设计，吸收国外现代思潮，改变我们以往的设计思路。

　　设计师不仅要把美的感觉和设计观点传播给观众，更重要的是应广泛调动观众的激情与感受，使读者在接受版面信息的同时获得娱乐、消遣和艺术性感染，如图6-27所示。

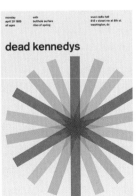

图6-27　排版设计的艺术性

二、版式设计的作用

版式设计的原则就是让观者在享受美感的同时，接受作者想要传达的信息。最终目的是使版面产生清晰的条理性，用悦目的组织来更好地突出主题，达到最佳诉求效果。

版式设计有以下作用：

- 按照主从关系的顺序，使放大的主体形象作为视觉中心，以此表达主题思想。
- 将文案中的多种信息作整体编排设计，有助于主体形象的建立。
- 强化整体布局，将版面的各种编排要素在编排结构及色彩上作整体设计。
- 加强整体的结构组织和方向视觉秩序，如水平结构、垂直结构、斜向结构和曲线结构。
- 加强文案的集合性，将文案中的多种信息合成块状，使版面具有条理性。
- 加强展开页的整体性，无论是产品目录的展开崴版，还是跨页版，均为同一视线下展示。如图6-28所示。

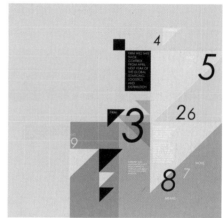

图6-28 展开页的整体效果

三、文字在版式设计的运用

文字是版式设计中的重要构成部分，文字不但要达到精神沟通的目的，更需要在精神沟通和视觉传达的精神认同的基础上引导，创造新的视觉理念。随着时代经济的发展，装帧设计的应用形式、传播媒介、使用价值、服务对象、创作方法等都有了更多层次的拓展。

(一)汉字字体编排

汉字字体的设计从汉字出现就一刻未停地进行着。这种设计是汉字创造过程的一部分，是用符号形式表现思维中已经形成的文字方案的设计行为。从现代人的眼光来看，那是一种不自觉地对字体造型的设计，动机不是怎样将现有的文字写得更好看，而是建立一种不同于含混的图案符号，从而能够更准确地传递信息、记录思维的符号形式。

从中国人审美心理发展的角度来看，史前时代中国人的思维特点首先在汉字中得以体现。使用汉字和改进汉字的过程中，创造汉字和使用汉字并把汉字作为一种艺术表现媒介，是审美意识特征引导下的一种创意与创新能力。

即便在汉字被创造之前，华夏先民也逐渐地意识到，在器物表面或平面上同时刻划符号和描绘图形，不仅可以表达思维和传递信息，而且还可以丰富装饰效果，并使得被记录的内容更准确、更丰富地传达。

在文字个体形态设计中，所谓的"形"是指字体所呈现出来的外形与结构。为使文字的版式设计与书籍风格特征保持统一，选择何种字体以及哪几种字体要多做比较与尝试，运用精心处理的文字字体可以制作出富有较强表现力的版面。

文字的版式设计更多注重的是文字的传达性，除我们所关注的"文字"本身的一种寓意外，其本身的结构特征也可以成为版式的素材。因此，要特别关注文字的大小、曲直、粗细、笔画的组合关系，认真推敲它的字形结构，寻找字体间的内在联系。

在书籍装帧中，字体首先作为造型元素出现，在运用中不同的字体造型具有不同的独立品格，给予人不同的视觉感受和比较直接的视觉诉求力，如图6-29所示。

图6-29 汉字的版式设计

(二)巧妙运用版面的空间

空间给字体视觉元素界定了一定的范围和尺度，视觉元素如何在一定的空间范围里显示最恰当的视觉张力及良好的视觉效果，与空间关系上对不同字体负形空间的运用有直接关系。版面中除了字体这些实体造型元素外，编排后剩余的空间即为"负形"，包括字间距及其周围空白版面，也会影响文字版式设计的视觉效果。负形与字体实形相互依存，使实形在视觉上产生动态，获得张力。有效运用负形空间的特点，可以协调文字版式编排效果。

在安排文字的位置、结构变化与字体组合时，应充分考虑负形的位置与大小。例如：方形字体空间占有率相对较大，比较适合横向编排；长字体适合作竖向的编排。同时，由于字体本身笔画的多少、结构的不同、方向的不同也会制造出多样的视觉效果。

在我们的视觉空间中，大小不等、多样的字体看似复杂，其实均有章可循，其负形留白的感觉是一种轻松、巧妙地留白。讲究空白之美是为了更好地衬托主题，集中视线和拓展版面的视觉空间层次。设计者利用各种方式手段引导读者的视线，并给读者恰当地留出视觉休息和自由想象的空间，使其在视觉上张弛有度。字体笔画之间巧妙地留有空白，有利于更加有效地烘托画面的主题、集中读者视线，使版面布局清晰，疏密有致，如图6-30所示。

图6-30　疏密有致的字体的空间设计

四、桌面排版系统的应用

桌面排版，也称桌面出版系统，或者DTP，英文意思是desktop publish。它集文字照排、图像分色、图文编辑合成、创意设计和输出彩图或分色软片于一身，是以往照相制版、电分制版，乃至整页拼版系统都无法比拟的。它为印刷、出版、包装装潢、广告设计等行业带来了光辉前景。一般意义上的桌面出版是指通过计算机系统进行文字编辑、版面设计和图形图像处理，并完成符合出版要求的排版工作。

(一) 桌面排版(DTP)发展现状和趋势

现阶段的出版已经不单局限于以纸张为媒介的印刷出版，而扩展到更广泛的跨媒体出版，包括以CD-ROM、互联网等为传播媒体的电子出版。

桌面排版(DTP)是近几年来发展非常迅速的新技术，它改变了传统出版的流程及工艺。DTP是利用电脑进行创意设计，彩色图像处理和复杂的版面编排。也就是说所有的印前工作都可以丢掉纸和笔，并完全可以满足现代彩色出版的专业要求。

由于DTP将从原稿到出四色软片的所有印前工作都置于电脑之中，DTP贯穿了从设计到印刷的所有环节。又由于在电脑中用纯数学语言描述的电子页面，有别于将油墨高速印刷在纸张上这样一个物理过程，所以DTP将电脑设计人员推向了参与印刷制版的第一线。这样就对电脑设计人员提出了更高的要求，要求他们除了有美术专业设计能力外，还要有其他知识，尤其是印刷中的分色、挂网、套印、拼版知识等，以便能够准确、真实地再现原稿。

(二) 桌面排版(DTP)服务范围

桌面排版服务包括页面排版、模板创建、图形本地化、硬拷贝和联机文件输出等，能够胜任PC和Mac上的众多图形图像软件和排版软件，包括InDesign、QuarkXpress、Illustrator、Freehand、CorelDraw、MS Word、Powerpoint等，可有效处理各种原文件，如利用Framemaker、Pagemaker、Quark、InDesign、Illustrator、Photoshop或MS Word等工具生成的文件，按照客户要求进行排版，也可为客户提供针对本地市场及海外市场的多语种DTP和桌面排版服务，涵盖简体中文、繁体中文、日文、韩文、英文、俄文、德文、法文、意大利文、蒙古文等多种语言以及包括藏文和维吾尔文在内的少数民族语言。

设计师一般都使用Photoshop和Illustrator进行设计，Photoshop属于图像软件，多用于美化、调整图片，Illustrator属于图形软件，多用于设计制作LOGO、图形等。如果是画册类型的，那么使用Illustrator 或者InDesign都可以制作图文混排的多页排版。报纸类型的印刷品可用方正飞腾排版。

(三) 桌面排版(DTP)常用的文件格式

文件格式(或文件类型)是指电脑为了存储信息而使用的对信息的特殊编码方式。比如有的文件格式储存图片，有的储存程序，有的储存文字信息。例如：图像文件中的JPEG文件格式仅用于存储静态的图像，而GIF既可以存储静态图像，也可以存储简单动画；Quicktime格式则可以存储多种不同的媒体类型。文本类的文件有：text文件，一般仅存储简单没有格式的ASCII或Unicode的文本；HTML文件则可以存储带有格式的文本；PDF格式则可以存储内容丰富的图文并茂的文本。如设计师在做平面设计时常用的存储文件格式有PDF、PSD、TIF、JPEG等；制作网页设计常用的存储文件格式有GIF、JPEG、HTML、PNG等。

 拓展知识

位图和矢量图

计算机绘图分为位图和矢量图形两大类。位图也称点阵图，通常使用称为"像素"的小点来描述对象，如图像软件Photoshop常用于处理编辑照片。位图图像的质量与分辨率密切相关，即在一定面积的图像上包含固定数量的像素。因此，如果在屏幕上以较大的倍数放大显示图像，或以过低的分辨率打印，位图图像会出现锯齿边缘。矢量图形是用称为"矢量"的数学对象所定义的点、线或面来描绘对象的。矢量图的体积比位图小。矢量图形与分辨率无关，可以将它缩放到任意大小在输出设备上打印出来，都不会影响清晰度。因此，矢量图形是文字（尤其是小字）和线条图形（比如徽标）的最佳选择。常用的矢量软件有Illustrator、Freehand、CorelDraw等。图6-31所示为位图和矢量图的放大效果。

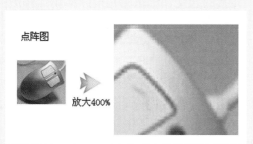

图6-31　位图和矢量图

五、优秀版式设计实例解析

将文字与字体的设计、插图或图形的创意、文字与插图的编排这三种设计元素或手段综合运用，通过人的视觉感官来传达信息的设计活动，是现代人对平面设计这一名词所做的基本定义。设计师头脑中的知识储备是产生灵感的基础，创意重在表达，版式就是要让人理解产品所传达的信息，看懂设计师的设计意图。同时，伴随着计算机在设计领域中的广泛运用，设计师的作品可通过计算机表达多种形式，可以使设计师在很短的时间内处理大量的文字图形信息，进而不断地激发设计师的创作灵感，拓展思路，开辟版式设计的新领域。

（一）实例解析一

在本设计中，我们将图形、标题、副标题、正文这些具体的编排元素抽象成矩形，用色彩或不同明度的灰进行表现。通过这种归纳我们看到，整个版式是通过这几个大的几何形共同构成了画面的整体关系，如图6-32所示。

图6-32　实例解析一

基于此，我们进一步关注细部的处理，图中副正文块面由一行黑字穿插其中，形成矩形内部丰富的黑白灰关系，使局部变化生动有趣而又不破坏整体效果。

设计同其他的许多事物一样，是形状的安排和组织。通过分析作品来建立整体观，必须在大脑中抛开标题、文字、视觉资料和其他元素的含义，尝试将它们归纳成几何形，以此分析形与形之间构成的黑白灰关系，领悟如何将编排元素进行整体设计的思路。

（二）实例解析二

在本设计中，我们用黑白灰的关系对版式进行整体分析。深色图片为黑色区域；图片说明文为高明度灰色区域，与右下方的空白区域一同构成视觉上的白色区域；引文及正文共同构成中明度灰色区域；说明文为高明度灰色区域，穿插进正文中，与正文形成前后空间关系。因此，在这张对开页的设计中，不同明度的灰色块面构成弱对比安排在左页，黑与白的强对比关系安排在右页，构成整张页面的重点，左右页之间主次关系一目了然，如图

6-33所示。

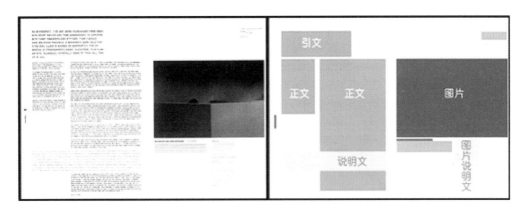

图6-33　实例解析二

　　进一步分析左页中信息等级的设计。为了突出右页的重点，引文与正文在明度关系上保持一致，形成一个整体。设计师巧妙地通过对引文位置的安排和色彩的点缀，使引文与正文之间构成局部的主次关系，将信息级别清晰地表现出来。

　　（三）实例解析三

　　实例三是请柬的设计。请柬之功用在于人与人之间的沟通，在特定的日子里问候朋友，邀请社团或个人出席各种社交场合。如集会、观光、生日、结婚、展览开幕等，已成为社交礼仪中常见的媒体形式。

　　(1) 这是设计者为自己的简略构想所画的几个铅笔草图。大体设定图案与文字的相关位置，烘托出整体的风格，如图6-34至图6-38所示。

图6-34　草图一　　　　　　　　　　图6-35　草图二

图6-36　草图三　　　　　　　　　　　图6-37　草图四

(2) 以草图中的构想为基础，制作出的彩色样稿，如图6-38所示。

图6-38　彩色样稿

(3) 图6-39和图6-40是对作品中文字及字体的校正稿，其中还包括图文的位置、线框的粗细等。

图6-39　校正稿一　　　　　　　图6-40　校正稿二

(4) 图6-41所示是设计最终的效果，虚实关系十分分明。

图6-41　最终效果图

优秀版式设计作品欣赏

点评：此作品主题突出，构图、颜色运用娴熟，整体效果好。

点评：此作品在构图上值得学习，颜色上以灰色调为主，画面简洁、明快。

点评：此作品运用中国的传统元素，用水墨画的效果表现出来，作品干净、大气。

点评：此作品利用水墨画的效果，给人以安静、贴近生活的感受，突出主题。

点评：此作品以书法字、古代人物形象来突出主题，创意独特，版面简洁大方，使设计具有新意。

点评：此作品以江南建筑物、传统水墨画作为元素来进行版面的设计，文字的编排给人以想象的空间，符合主题。

点评：此作品首先在文字的编排上值得学习，任何设计都要注意整体的效果。该作品的版面分割很有特色，在版面视觉中心上的编排能更好地体现设计效果。

1. 什么是版式设计？

2. 版式设计的基本原则是什么？

设计红木家具展宣传页

项目背景

一天，公司接到一单为广州顺发红木家具有限公司进行宣传的配套海报的设计任务，为即将到来的家具展览做宣传。

项目要求

了解版式设计的要点以及版式设计的组成部分，要求为广州顺发红木家具有限公司设计出两种不同方案的红木家具展的排版宣传页。要求版式新颖，有创意。

项目分析

版式设计是现代设计艺术的重要组成部分，是视觉传达的重要手段，版式设计的原则就是让观者在享受美感的同时，接受作者想要传达的信息。最终目的是使版面产生清晰的条理性，用悦目的组织来更好地突出主题，达到最佳诉求效果。版面设计本身并不是目的，设计是为了更好地传播客户信息的手段。优秀的版式设计能更好地传播企业文化信息和产品特点。

06

第七章

版式设计的基本类型

学习要点及目标

- 了解版式设计的基本类型有哪些。
- 了解各类型的版式设计的特点。
- 了解各类型的版式设计之间的联系和不同之处。
- 在实践中灵活运用各类型的版式设计。

版面设计理论的形成源自20世纪的欧洲。英国人威廉·莫里斯最先倡导了一场工艺美术运动，并随之在欧美得到广泛响应。在平面设计中，他尤其讲究版面编排，强调版面的装饰性。他通常采取对称结构，形成了严谨、朴素、庄重的风格。莫里斯的古典主义设计风格开创了版式设计的先导。直到今天，人们仍能感受到这场工艺美术运动的深远影响。

版式设计的类型有很多种，但他们之间并不是单独存在的，一个版式往往是几种版式设计类型的混合。

引导案例

07

文字设计——版面编排设计的核心

一本书、一份杂志、一张报纸若想吸引读者的视线，除了其内容的可读性，很大程度上取决于版面的编排设计。设计师在版式设计中创新各种编排手法来体现其"创意"，这样才能充分调动读者的视觉感受，达到吸引阅读者眼球的目的。设计师在构思设计一个版式时，标题、内文文字、背景、色调、留白等构成了设计中的各种元素，内文文字设计和标题文字设计以及版面的分割则更是出版物版式编排设计中的重要组成部分。

以文字为主的版式编排，文字不仅是信息的传达，更是体现了一种艺术的表现形式。文字是整个版面的核心，设计师面对一篇完整的文字材料，首先要熟悉文章的中心内容，版面编排设计时要注意服从文章内容所表达主题的要求，字体与内容配合营造版面气氛。根据不同的主题运用不同的文字编排手法，同时运用优秀的图片和文字搭配，注重版面上图片和文字的整体比例关系，将文字与图片完美的结合，自然统一到一种格调中，使之设计的版式形式与内容统一，增强版式整体的视觉效果，设计出更符合文章内容的"版式语言"。

文字版式设计首先要确定一个总的设计基调。设计师要注意字体组合产生的黑、白、灰在明度上的版面视觉空间，用现代设计思想来处理各种视觉元素，注重对文字、图像、色彩、留白的合理运用。版式设计上的文字要有统一的视觉风格，要根据文章的内容来选择相适应的字体和字号，因为不同的字体和字号有完全不同的表现力和气质。所选用的字体表现力与文章的内容相统一，这是最重要的。字体的设计和选用是版式编排的基础，文字设计的重要一点在于服从表达主题内容的要求，更有效地传达信息。选用正确的字体以及文字排列组合的优劣，将会直接影响版面的视觉传达效果。

随着时代的发展，现代出版物的版式编排设计已呈现图文互动的趋势，读者的阅读已进入了"读图"时代。由于先进的印刷技术和计算机在设计领域中的广泛运用，文字的设计已呈现出多元化和艺术化，设计师在作品"创意"时，可通过计算机来表达自己的创作思路。计算机技术有多种特殊的效果可供设计师选择，这些效果的使用可对单调的文字进行适当的处理和修饰，使之产生意想不到的特殊效果和趣味性。现代化科技的发展对设计师提出了更高的要求，在现代科技高速发展的今天，设计师要具备新的创作理念，文字设计也将走进更加广阔的发展空间，如图7-1所示。

图7-1 文字设计是版式设计中不可缺少的部分

07

第一节 版式设计类型

版式设计对于平面设计是一门相对具有独立性的设计艺术，它研究的是平面设计的视觉语言与艺术风格。版式设计的范围涉及很广，下面介绍一下版式设计的常用类型，包括用于传统的版式设计以及在网页设计中的应用。

一、满版型版式设计

满版型版式设计，即版面不留固定白边，图像、图形不受版心约束，主要以图像为诉求点，一般用于传达抒情或运动信息的页面。因为不受边框限制，感觉上与人更加接近，便于情感与动感的发挥。

满版型版式设计的主要特征是设计可根据内容和构图的需要自由地发挥，强调设计个性化；其编排形式灵活多变，新颖奇妙，能最大限度地体现设计师的设计意图，具有较强的时代气息。版面以图像充满整版，文字配置压置在上下、左右或中部(边部和中心)的图像上，视觉传达效果直观而强烈，同时给人以舒展、大方的感觉，如图7-2所示。

图7-2 满版型版式设计

二、分割型版式设计

分割型版式设计是把整个版面分成上下或左右两部分，分别安排图片和文字。这是一种比较常见的版面编排形式，其特点是画面中各元素容易形成平衡，结构稳当，风格平实。在图片和文字的编排上，往往按照一定比例进行分割编排配置，给人以严谨、和谐、理性的美。

分割型版面中的两个部分会自然形成对比，有图片的部分感性、具有活力，文案部分则理性、平静。上下分割型是把整个版面分成上下两部分，在上半部或下半部配置图片(可以是单幅或多幅)，另一部分则配置文字。左右分割型是把整个版面分割为左右两部分，分别配置文字和图片。左右两部分形成强弱对比时，会造成视觉心理的不平衡。不过这种不平衡仅是视觉流程不如上下分割型的自然。

等形分割要求形状完全一样，分割后再把分隔界线加以取舍，会有良好的效果。自由分割不是规则的，是将画面自由分割的方法，它不同于数学规则分割产生的整齐效果，但其随意性的分割，给人以活泼、不受约束的感觉。比例与数列：利用比例完成的构图通常具有秩序、明朗的特性，给人清新之感。分割给予一定的法则，如黄金分割法、数列等，如图7-3所示。

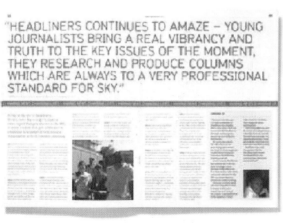

(a) 上下分割　　　　　　　　　　　　　　(b) 左右分割

图7-3　分割型版式设计

三、倾斜型版式设计

倾斜型版式设计是一种很有动感的构图，图中要素或主体的放置呈倾斜状。在版面编排中，图形或文字的主要部分向右或向左做方向倾斜，使视线沿倾斜角度由上至下或由下至上移动，造成一种不稳定感，从而吸引观者的视线。这种设计形式最大的优点在于，它刻意打破稳定和平衡，从而赋予图形或文字以强烈的结构张力和视觉动感。

　　倾斜型设计在构图时，版面主体形象或多幅图像、文字做倾斜编排，造成版面强烈的动感和不稳定因素，以引人注目。倾斜感产生的强度与主体的形状、方向、大小和层次等因素有关。在设计中，要根据主题内容把握倾斜角度与重心问题，如图7-4所示。

图7-4　倾斜型版式设计

四、三角形版式设计

　　三角形版式设计是版面各视觉元素呈三角形排列。在图文形象中，正三角形(金字塔形)最具稳定性；倒三角形则会相应地产生活泼、多变的感觉，易产生动感；侧三角形构成一种均衡版式，既安定又动感。但在版式设计中要注意，用正三角形时应避免呆板，可通过对文字和图片的处理来打破其呆板性；而用倒三角形在产生动感的同时要注意其稳定性，如图7-5所示。

五、曲线型版式设计

　　曲线型版式设计是在版面上通过线条、色彩、形体、方向等因素有规律地变化，将图片、文字做曲线的分割或编排构成，而让人感受到韵律与节奏感。曲线型的版式设计应具有流动、活跃、动感的特点，曲线和弧形在版面上的重复组合可以呈现流畅、轻快、富有活力的视觉效果。曲线的变化必须遵循美的原理法则，具有一定的秩序和规律，又具有独特的个性。根据视觉元素

图7-5　三角形版式设计

的数量和特点，表现为渐次的、错落的、简单的、复杂的，同时具有一定的方向性。当文字或图形有一定的数量时，就必须注意形象的方向和位置的错落，或者形象渐次的变化，以起

07

到增强版面动感的作用，如图7-6所示。

图7-6　曲线型版式设计

六、自由型版式设计

在多种方式的处理下，采用自由的编排方式会产生丰富多变的效果。

自由版式将图像分散排列在页面各个部位，具有自由、轻快的感觉。在编排时，将构成要素在版面上做不规则分散状排列，会形成随意、轻松的视觉效果。采用这种版式时应注意图像的大小、主次以及方形图、退底图和出血图的配置，同时还应考虑疏密、均衡、视觉流程等。将各要素分散在版面各个部位，以各施所长。这种貌似随意的分散，其实包含着设计者的精心构置。视点虽然分散，但整个版面仍应给人以统一完整的感觉。

总体设计时应注重气氛，进行色彩或图形的相似处理时应注意节奏、疏密、均衡等要素，避免杂乱无章，做到形散而神不散。同时，又要主题突出，符合视觉流程规律，这样方能取得最佳诉求效果，如图7-7所示。

图7-7　自由型版式设计

七、骨骼型版式设计

骨骼型版式设计是规范的、理性的分割方法。常见的骨骼有竖向通栏、双栏、三栏和四栏等，一般以竖向分栏为多。在图片和文字的编排上，严格按照骨骼比例进行编排配置，给人以严谨、和谐、理性的美。骨骼经过相互混合后的版式，既理性有条理，又活泼而具有弹性，如图7-8所示。

图7-8　骨骼型版式设计

八、中轴型版式设计

中轴型版式设计将图形做水平方向或垂直方向排列，文字配置在上下或左右。水平排列的版面给人以稳定、安静、平和与含蓄之感。垂直排列的版面给人以强烈的动感，如图7-9所示。

图7-9　中轴型版式设计

九、对称型版式设计

对称型版式设计给人以稳定、理性的感受。对称分为绝对对称和相对对称。一般多采用

07

相对对称手法，以避免过于严谨。对称一般以左右对称居多，如图7-10所示。

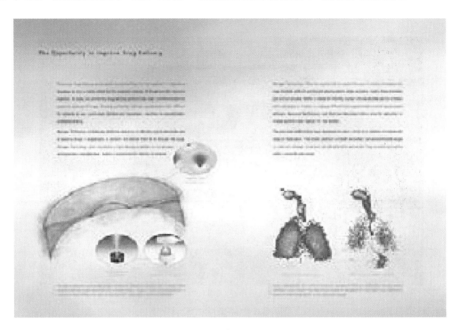

图7-10　对称型版式设计

十、重心型版式设计

重心型版式设计产生视觉焦点，使主题更加突出。重心型版式设计有三种类型：一是直接以独立而轮廓分明的形象占据版面中心；二是向心，视觉元素向版面中心聚拢的运动；三是离心，犹如石子投入水中，产生一圈一圈向外扩散的弧线运动，如图7-11所示。

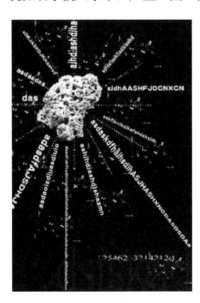 

图7-11　重心型版式设计

十一、并置型版式设计

并置型版式设计是将相同或不同的图片做大小相同而位置不同的重复排列。

并置构成的版面有比较、解说的意味，给予原本复杂喧闹的版面以秩序、安静、调和与节奏感，如图7-12所示。

图7-12　并置型版式设计

第二节　如何灵活运用版式设计的各种类型

要想在实践中灵活运用版式设计的各种类型，就要了解各种版式类型的特点，具体问题具体对待。只有充分理解和分析版式的版面结构，才能设计出更好的作品。

版面结构是指一种能够让观者清楚、容易地理解作品传达的信息的东西，是一种将不同介质上的不同元素进行巧妙排列的方式。以下是设计一个优秀版面结构的一些基本要素。

要建立一个优秀的结构，我们就必须仔细观察。学习仔细观察自己身边的"结构"，比如树、花、山、野兽、宠物、小孩等；翻阅杂志、书本、宣传单等，并尝试了解图形是如何构成的？使用了什么配色方案？为什么？使用了什么类型的字体？为什么？它们对整个画面起到了什么影响？为什么？"为什么"是重点问题，应该更加强调。

经过大量的观察，我们就会了解到什么是好的，什么是坏的。为了增强观察的效果，我们必须在大脑中将我们想要表达的元素和环境构成一张图，这将在设计中起到辅助作用。实际上，这是一个从不停止的过程。

一、九宫格在版式设计中的应用

 拓展知识

九　宫　格

"九宫格"是我国古代已有的一种结构构造方案，欧阳询将它引入书法练习中，取其结构的平稳性和秩序感；诸葛孔明综合八卦和九宫理念，演化成九宫八卦阵，取其结构间的依存性；中国玄学更是将它引入奇门遁甲之术，加以引申利用。"九宫格"三纵、三横，形成九个独立而又相互依存的单位，内部规整又相互依存组合。

(一) "九宫格"分析

在设计中对"视觉中心"进行良好把握，是比较复杂的。现代设计中，"多媒体"的概念拓展了我们的思路，在很多手段上丰富了我们的设计行为。所以，关系到这个问题，只能先限制在传统的平面构成和色彩构成上来进行简单分析。

(1) 在传统的平面构成中，寻找视觉中心最保守的办法是"九宫格"法，这个在东西方的理论中都有论述，包括现在相机的智能取景对焦功能也是参照此不变法则。

九宫格的画面分割样式示意图如图7-13所示。其中：A为($\sqrt{2}$)分割线；B为黄金分割线；C为九宫分割线；D为16∶9宽银幕画面区域。

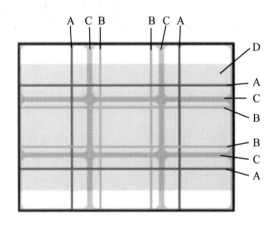

图7-13 九宫格画面分割示意图

画面重心以及九宫交会的4个临近点是安排视觉中心元素的理想位置(方法总是由平稳走向跳跃，较极端的偏离中心方法将在以后讨论)。

(2) 西方较推崇的也是自然界所暗自遵循的黄金分割。

(3) 现代设计中比较有时代感的中心分割通常是采用"$\sqrt{2}$"，即1.414的比例，而不是黄金分割。这样的方式使人更多地感觉到工业性和人为的痕迹，比黄金分割更有"人文科技感"。

以上的方式，都是在谈视觉中心的摆放位置，还没有涉及设计元素间的关系和影响，这只是一个起步而已。

(二) 实例分析

本部分是实例分析部分观看说明：白色的是九宫格线，靠近中心的是黄金分割线，外侧的是"$\sqrt{2}$"线。

(1) 图7-14所示为Discovery健康频道的页面，主要线条在九宫格内。

(2) 图7-15所示为Microsoft Office XP宣传片头，强调XP(经验)，所以采用了沧桑的底图，布局很规矩。

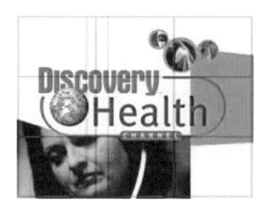

图7-14 九宫格实例分析一

图7-15 九宫格实例分析二

(3) 图7-16所示为一个牛奶广告，宣传牛奶给人带来的营养等，注意眼睛的位置。

(4) 图7-17所示是Windows XP宣传片头，它是另一种风格，比较爽快，但同样严谨。

图7-16 九宫格实例分析三

图7-17 九宫格实例分析四

(5) 图7-18所示为Mazda车的节目演示板，请观察各元素的关系。

(6) 图7-19所示广告讲述的是一个瓢虫爬上去吹蜡烛……最终吹熄了，蜡烛侧线吻合。

图7-18 九宫格实例分析五

图7-19 九宫格实例分析六

07

(7) 图7-20所示为化妆品广告，分割非常精确。

图7-20　九宫格实例分析七

二、绍兴日报版式设计实例解析

(一)《绍兴日报》简介

以锐意改革而在全国地市报中享有盛誉的绍兴日报社，发行量超30万份，广告超亿元。依托历史文化名城的优势，几年来，不断做大做强，产业触角延至房地产、印务、文化信息传播和酒店业，是目前全国唯一进入非空港地飞机航班的地市报纸，综合实力位居浙江省地市报前列。

(二)版面专题出炉背景

(1) 2007绍兴国际纺织品博览会在绍兴举行。

(2) 第四届鲁迅文学奖颁奖典礼于2007年10月28日晚上在绍兴鲁迅故里举行。

(3) 古城绍兴是具有书法文化、名士文化、饮食文化、戏剧文化和三乌文化为一体的魅力城市。其版式设计整体风格统一，注重民族特色，版面自由活泼，如图7-21所示。

(三)设计思路与理念

(1) 色系以红色贯穿，体现中国、圆满、喜庆、火爆之意，间以黑色、黄色贯穿其中，使整体富有历史感。

(2) 主题以绍兴独有社戏为魂贯穿其中，其中四个白描戏曲人物为索标穿梭其中，寓意好戏连台，对擂畅想。

(3) 其中运用中国历代文人象征的书画、酒具、扇子、印章、笔墨等中国元素，使其更具文化气息。

(4) 四个篇章均以鲁迅的作品名称定位设立，9版来自《故乡》的祝福描述此次盛典与12版的布衣《呐喊》形成文化和商业的对决，使其形成对台戏，10版的获奖者感言为《狂人日记》呼应世界性商业交易会的《友邦惊诧论》(世界各地人们对绍兴的看法)形成民族即是世界的内涵。

图7-21 绍兴日报版式设计一

07

(5)"印象"中的一旋搅动了水乡的清水,使"笔"(10版上)、"墨"(12版下)有了舒展的情绪,更有那厚重的酒器唤起人们的些许醉意。10版中"古书"的装扮抒发着文人的风骚,12版中倪裳的缤纷和舞动着的人群抽象了一抹色彩,还原了9版一滴水墨······如图7-22所示。

图7-22 绍兴日报版式设计二

优秀版式设计作品欣赏

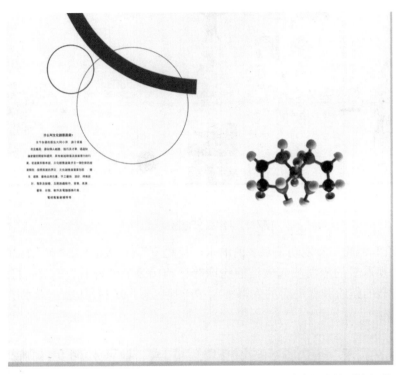

点评：此作品利用抽象的元素让版面显得活跃，元素之间大小、聚散的组合排列值得学习。

点评：此作品为上下分割的版式类型，以黑白灰的对比关系衬托主题，给人以安静、自由的感觉。

点评：此作品为上下分割的版式类型，以暖色调为主，给人以温暖、向往的感觉，符合主题。

点评：此作品以淡化的背景突出"城市山谷"这个主题，给人以神秘、向往的感觉。版面视觉中心点的文字与图片的编排非常具有视觉冲击力。

点评：此作品将要表达的元素都集中到版面的视觉中心区，视觉效果强烈，版面的主次分明，清晰明了。

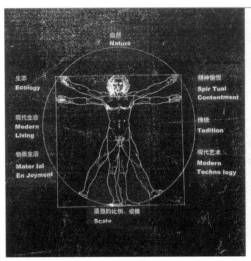

点评：此作品在版式设计上新颖独特，黑白灰之间的对比以及各层次间的对比强弱适度，使版面别具风格。

点评： 以上四幅作品都属于左右分割的版式类型，且都以图片为主要的设计元素。文字的编排所形成的视觉流程，通过版面运动的导向把观者的视觉引向画面的视觉中心，色彩纯度、明度、肌理等视觉元素的强调与对比，更加突出了主题。通过字母与空白版面的深浅对比，将一幅风景画分割成具有清晰的近景、柔和的中景和轻柔的远景。版面的主次分明，清新明了，各层次间的对比强弱适度，自然组合成为同一视觉元素重复透迭的版面风格。

点评： 以上两幅作品为左右分割的版式类型。在版面的分割上充满力量，主体明确，构图大胆新颖。若干个小图的排列组合以及版面上的大量留白使整体空间感更强。

点评：此作品利用矛盾空间来进行版面设计，创意独特。矛盾空间的运用使整体画面的空间感更强，给人以想象的空间。

点评：此作品利用透视原理，让版面的空间感更强，强调"环保节能"主题。版式设计必须服从简洁易读这一原则，减轻读者视觉的生理和心理压力，不使读者产生视觉疲劳，从而获得更好的传播效果。

点评：此作品设计风格活泼、简单明了。在版面的分割上属于左右分割类型，看似没有联系的两部分其实起到了相互呼应的作用。

思考与练习

1. 版式设计的基本类型有哪几种？其中哪几种是常用的？
2. 各个类型的版式设计之间有什么相同点和不同点？

实训课堂

设计版式类型为自由版式的户外广告

项目背景

在3月5日学雷锋日期间，某医院准备开展一次义务献血活动，倡导市民发扬奉献、互助的精神。为了使更多的人了解活动的意义和重要性，并积极主动地参与到献血队伍中来，该医院决定请"红绿蓝三人行广告公司"设计一张户外广告，使"人人为我，我为人人"的精神发扬光大。

项目任务

用Photoshop设计制作"义务献血"活动户外广告,熟悉版式设计的各种形式要素,要求版面布局运用自由版式设计类型。

项目要求

该项目是一则义务献血的公益广告,因此画面主要采用红色,同时图案、文字内容都紧扣主题,并在广告的右上角增加"发扬奉献精神"等广告语,使公众认识到献血活动的重要性与意义。广告中还要列出活动主办方、协办方、活动时间、活动地点、注意事项等信息,起到了活动宣传的作用,使有意愿参加义务献血活动的人能够参与到活动中来。综合运用Photoshop中的绘图工具、图层样式、画笔工具、文本工具、渐变工具等设计义务献血的户外公益广告。

07

第八章

版式设计中的基本元素及其原理

学习要点及目标

- ●了解版式设计的基本元素。
- ●了解版式设计基本元素的相关原理。
- ●了解版式设计的其他要素。
- ●学会灵活运用版式设计的基本元素。

版式设计是现代设计艺术的重要组成部分，是视觉传达的重要手段。从表面上来看，它是关于编排的学问；而实际上，它不仅是一种技能，更是技术与艺术的高度统一。版式设计是现代设计师必须具有的艺术修养与技术知识。只有了解版式设计的基本元素，灵活运用这些元素，才能设计出更好的作品。

引导案例

点、线、面在版式设计中的运用

点、线、面是构成视觉空间的基本元素，也是排版设计上的主要语言。排版设计实际上就是如何经营好点、线、面。不管版面的内容与形式如何复杂，但最终都可以简化到点、线、面上来。在平面设计家眼里，世上万物都可归纳为点、线、面，一个字母和一个页码数可以理解为一个点；一行文字和一行空白均可理解为一条线；数行文字与一片空白则可理解为面。它们相互依存，相互作用，组合出各种各样的形态，构成一个个千变万化的新版面。

在平面设计中，对点、线、面的运用，既要体现各自的独立性，又要体现三者之间的协调关系。可以说，掌握了点、线、面的合理利用，就掌握了平面设计的基石，也掌握了设计的精髓。如图8-1所示，是点、线、面在版式设计中的运用，按照一定的比例原则进行排列组合，达到版面的视觉均衡。

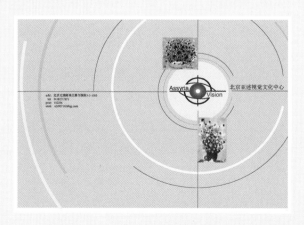

图8-1　点、线、面在版式设计中的运用

第一节　点的编排构成

点在版面中，由于大小、形态、位置的不同，所产生的视觉效果和心理作用也不同，在设计中要注重点形象的强调和表现给人情感上和心理上的量感。

一、点是最基本的元素

点是版式构成中最小的也是最基本的造型元素，在版面中，点由于大小、所处的位置、形态、数量以及分布状况的不同，给人的视觉和心理感受自然也不同。这种感觉是相对的，把一个版面上的某个元素看成是点还是线或面，往往随着版面的不同、随其他元素的变化而变化。一个设计意义上的点，它可以用任何一种形态来表示，一幅图画、一个色块、一样事物、一个字体等。

正是点的这种不定性，使点有可能成为画龙点睛之"点"。和其他视觉设计要素相比，点可以形成画面的中心，也可以和其他形态组合，起着平衡画面轻重、填补一定的空间，点缀和活跃画面气氛的作用。点还可以组合起来，成为一种肌理或其他要素，衬托画面主体，对于读者来说自然就吸引了眼球，达到版式设计本身所要发挥的功能，如图8-2所示。

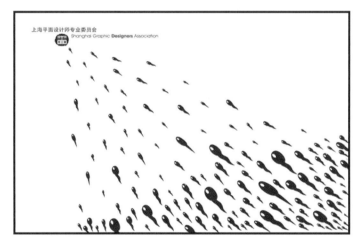
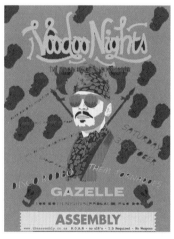

图8-2　点的肌理与衬托功能

点所代表的意义是"静止"和"沉默"。康定斯基将点看成是"非物质"，仅仅是存在于人头脑中的一种概念，一种"零"的概念，这个"零"也就是始发或终止的意思。在几何学中，点也是最简单的元素，尽管简单，但在它的深处却包含着伟大的"雄辩"，它必须和"独特"结合，最终才能形成物质的形式。考虑到上述因素，几何学上的点"在书本上最初被设想为物质的形式"也就合乎逻辑了。现实中人们说话时的停顿，表现为点的概念和一种结束，同时它又是从语言的一端到另一端实体"桥梁"的端头，在语言表述上这便是点。

点虽然表现为静止的概念，但如果将它激活，使之成为运动的物质，"使点从它通常活动的狭窄范围中分离出去，那么它内在的、至今仍然沉默的特性就会发出越来越有力的声音"，"于是点便生出无数个生命体，并赋予生命新的意义"。

绘画上点的外形概念是不确定的，几何学上被称之为点的形态一旦被物化，就必然会有大小之分，并在画面上占据一定的空间，绘画者手握画笔蘸上颜料，落笔于画面时，首先形成的形态必然是点，当越来越多的点聚集后，面的形态便出现了，因此点是面的基础。在版面设计中，点的意义不同于几何学上点的概念，因为版式设计中的点同样被物质化，它是造型的基础元素，具有与环境分离开的轮廓范围。

二、点的分别

点，在几何学的意义上是可见的最小形式单元，是位置的表示形式。但在版面设计中，点是有面积的，只有当它与周围要素进行对比时才可知这个具有具体面积的形象是否可以称之为"点"。

(一)点的大小之分

点作为视觉表现的形态，必然具有大小、面积之分，也必然具有形态之分。当然，点的大小和形状可根据需要加以改变。从表面上来看，虽然点是最小的元素单位，但是要十分准确地划分它的界线往往是困难的。我们在计算机上可以做一个点的缩放实验，将点缩至极小到几乎眼睛无法辨认的地步，点仍然存在，若将这个小点放大至投影屏幕的中央，与钱币大小相当，与屏幕相比它依然是一个点，若与小点相比它就是面了。将这个点放大到充满整个屏幕，此时的点，不再是点而完全是面，因为它的参照物此时已被它完全占据。由此可见，点的概念是相对的，它必然有自己界定的范围。

(二)点的形态

点与版面的大小关系，即点的大小比例。点必须与版面中其他形态保持一定的比例关系。

点的界定与人脑中的视觉经验有关。例如：赏识教育的周弘老师讲的黑见白、白见黑理论就是这个含义。当这些点达到一定数量时，点的概念开始消失，面的形态便开始显现。从点的形状来看，决定点的形态因素是它的外轮廓。就人的生活经验而言，人们在想象中总是将点视为圆形的小圆点。然而从视觉传达角度出发，版面中点的概念是由外轮廓不同的形态决定的。事实上，点具有非常多样的形状，它的外形可以是三角形、带锯齿的形、方形、圆形、不规则多边形以及星形、具体的形状等，如图8-3所示。

图8-3　具体形状的点的运用

08

版面设计中，单个字体的出现也被视为点，所以点很难界定它是什么形态，什么形态一定是点。在人的潜意识中，越小且是圆的形态就越被认定是点。即使是将这个点放大若干倍，人们仍然会这样认为，这是约定俗成的概念。设计师必须要牢牢地根据人的这一特性去处理版面。当然，点作为一种版面基本元素可以用外在与内在的概念来理解。就外在的概念来说，即使是一个微小的符号和图形也是一种元素；而内在概念则不同，它不是这种形的本身，而处在这个形内部的富有生命的张力才是内在元素。从这种意义出发，任何一个版面形态所聚集成的深刻内涵都不是它外在的形，而是其内在的张力。如果一旦这种张力消失或死亡，那么作品也就失去了生气和光芒。如果将一些抽象的形有目的地组合在版面上，使其内容得以充分展现，往往版面上会出现令人惊奇的效果，这就是张力的作用。

(三) 中国画中的点

中国画常常讲究气韵生动，讲究画的"精气"和笔墨的"韵味"，若用上述观点来解释，实际上就是内部张力的作用。有一位国画大师，他的作品非常吸引人，有着很好的观感，除了画面本身的视觉传达元素有着很好的形态外，更重要的在于其内在的张力。虽然，持这样观点的人仅是一部分，但是从视觉艺术诞生的那天起，就存在着这样的争论。一类人认为：艺术只包含物质元素，除此以外其他成分完全不存在；另一类人认为：艺术不但具备物质元素，同时更存在着精神因素。版面上任何一个极其微弱的刺激，都可以用时间的长短来表示，点在版面上所占有的时间量虽然短暂，却包含着无限的因素，如图8-4所示。

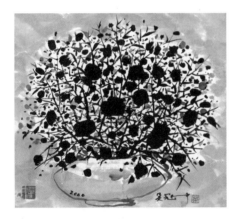 

图8-4　中国画中的点

(四) 色点

康定斯基认为："点是在时间上最简短的形。"然而，若从纯理论的角度出发，点又是最复杂的结合体，它不仅具有鲜明的外切轮廓，而且其本身就可以独立成为一件视觉传达作品。确切地说，任何版面上的元素最终都是由点组成的。对此的探索早在19世纪就已经有了。例如，后期印象派大师修拉根据牛顿光谱原理认为：太阳光是由赤、橙、黄、绿、青、蓝、紫七种颜色组成的，曾用色点的并置来表现色彩的混合效应。在当时，为了表现光的这一原理，修拉将色彩变成一个个色点去再现自然。事实证明，这种理论完全有其科学依据，与现代印刷工程原理相同，如图8-5所示。

当然，修拉的研究仅限于色点相互关系的分析，而对于点在平面中的视觉心理的探索则主要出现在19世纪末20世纪初的欧洲。点在版面结构上有着特殊的意义，当一个点接触到版面的瞬间，版面结构便发生了变化。点处在版面交叉对角线的中央时，版面是最稳定的；若游离于版面结构线，版面便开始产生相对运动的变化。假如在版面上还有另一个形态元素，那么版面所形成的视觉感受便会越来越复杂。

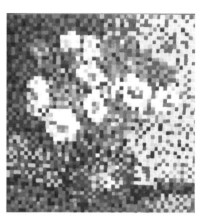

图8-5 修拉作品和色点的运用

（五）网点

网点在前文曾提到过，后期印象派画家修拉所发明的点彩派依据的是色点的混合效应，同理，印刷中根据印刷网点疏密的不同和重叠的缘故，运用红、黄、蓝、黑四色可以印刷出千变万化的彩色图片来。若将这些网点错位，版面则会出现图形模糊而无法获得清晰的印刷图版。如果我们利用这一原理，将网点放大，点距加宽，所出现的版面效果会因为网点的大小变化而使得版面富有一定的秩序感和起伏变化，因而产生一定的律动性。如图8-6所示为网点的肌理效果作品，如图8-7所示为网点的版式设计作品。

图8-6 网点的肌理效果作品

图8-7 网点的版式设计作品

三、点在版面上的构成

将整个版面图形用点来组成，而点的本身实际上就是缩小的图形，或者说缩小了的图形本身就是点。在纯文本的版面设计中，文字可以运用网点原理组成版面图形。运用文字(点)组成各种形态，文字既是点又是内容，如图8-8所示。

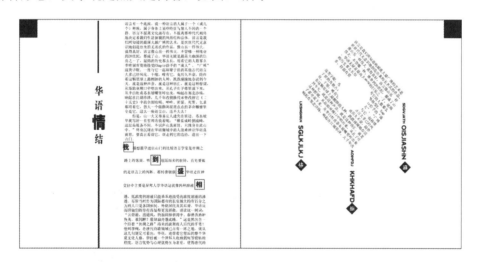

图8-8 点在版面上的构成

第二节 线的编排构成

点的移动轨迹成为线。每一种线随着位置、长度、宽度、方向、形状的不同而拥有独特的性格和情感，它往往决定着一个版式设计的整体风格和艺术特色，在版面中具有举足轻重的作用。线具有很多特征，在版面设计中能起到点和面无法达到的功效，其本身也表达了不同的情感因素。不同的线在版面中的合理运用将会使整个版面达到出其不意的效果。

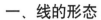
一、线的形态

线是版面设计的基本元素,它是点相对的结果,因而也是与点相比较的第二基本元素。线条形态的种种变化其真正的动力来源于由点变成线的外部力量,由于受力的不同,所出现的线条特征也不一样。如果某种来自外部的力量使点朝着一个方向运动,那么线条所产生的结果必然按照直线方向运动,于是直线产生了。直线不同于点,点只有张力,而没有方向性;线则不然,线不但具有一定的张力,同时其内部还具有方向性,这种方向性体现出简洁形态运动的无限性,如图8-9所示。

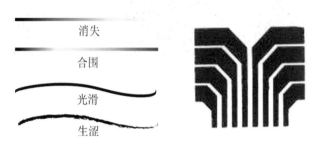

消失

合围

光滑

生涩

图8-9 线的不同形状和运用

通常直线表现为三种不同的形式,即:垂直线、水平线和对角斜线。从线形的视觉心理来看,水平线具有安静、平稳和冷峻的特征;垂直线代表着庄严与神圣的心理感受;斜线则表现为动荡不安与热烈的象征。

二、线的空间分割

图文在直线的空间分割下,可求得清晰、条理的秩序。通过不同比例的空间分割,版面可产生各空间的对比与节奏感。在骨骼分栏中插入直线进行分割,可使栏目更清晰,更具条理,增强了文章的可视性,如图8-10所示。

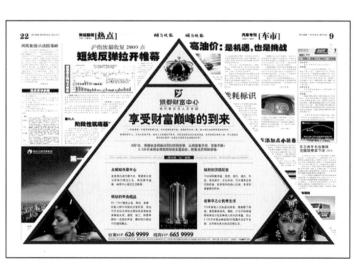

图8-10 线的空间分割

三、线的空间"力场"

在版面中所产生的"力场"，首先是在空间被分割和限定的情况下，才能产生"力场"的感应。具体地说，在文字和图形中插入直线或以线框进行分割和限定，被分割和限定的文字或图形的范围即产生紧张感并引起视觉注意，这正是力场的空间感应。这种手法增强了版面各空间相互依存的关系而使之成为一个整体，并使版面获得清晰、明快、条理、富于弹性的空间关系。至于力场的大小，则与线的粗细、虚实有关。线粗、实，力场感应则强；线细、虚，力场感应则弱。另外，在栏与栏之间用空白分割限定是静的表现；用线分割限定为动的、积极的表现。

在强调情感或动感时，若以线框配置，动感与情感则获得相应的稳定规范。另外，线框细，版面则轻快而有弹性，但力场的感应弱；当线框加粗时，图像有被强调的感觉，同时诱导视觉注意，但是，线框过粗，版面则变得稳定、呆板、空间封闭，其力场的感应明显增强。

四、线在版面上的构成

作为设计要素，线在设计中的影响力大于点。线要求在视觉上占有更大的空间，它们的延伸带来了一种动势。线可以串联各种视觉要素，可以分割画面和图像文字，可以使画面充满动感，也可以在最大限度上稳定画面。

线的性质在编排设计中是多样性的。在许多应用性的设计中，文字构成的线往往占据着画面的主要位置，成为设计者处理的主要对象。线也可以构成各种装饰要素以及各种形态的外轮廓，它们起着界定、分隔画面各种形象的作用。

直线和曲线是决定版面形象的基本要素。每一种线都有它自己独特的个性与情感，将各种不同的线运用到版面设计中去，就会获得各种不同的效果。因此，设计者若能善于运用它，就等于拥有一个最得力的工具，如图8-11所示。

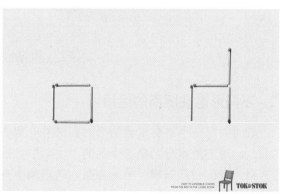

图8-11　线在版面上的构成

第三节　面在版式中的编排

面在版面中具有平衡、丰富空间层次、烘托及深化主题的作用。

面在版面中的概念，可以理解为点的放大，点的密集或是线的重复。面还可以理解成是给点和线一个容纳的空间，单点、单线永远成不了面。

一、面的不同概念

面在版式中的编排构成是我们很容易理解的，它既可以被看成是点、线的聚集，也可以看成是线被分割后在版面中形成的不同比例的"负形"，当然也可以是一个图形。面的最大特征是它具有一定的量感，如果说点的量感是在点的集合中获得，线的量感要通过线的密集排列才能具有，那么，面本身就已经具备了量感。设计师在进行版面设计的时候，要充分考虑到面所具有的量感，将整张版面精心编排，以保证视觉上的平衡和舒适。

在二维空间中，由闭合的线围绕成的物质平面被称为面。通常所说的版面分别由两条水平与垂直线围合构成，并在这个框定的空间内独立绘制形态。最简洁的版面和最常用的版面形式均是方形，圆形、椭圆、三角形以及种类繁多的不规则形都是在此基础上派生形成的面，如图8-12所示。

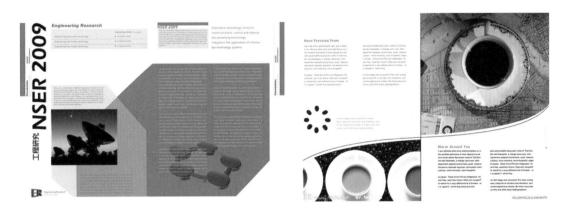

图8-12　面的不同形状和运用

二、不同形态在版面的运用

版面中每一个富有生命的形态都必然停留在某一个位置，或"上"或"下"或"左"或"右"。形态的本身乃是一个活的"生命"，这个生命具有两重含义，一方面，产生活的因素来自读者的心理联想；另一方面，其形态本身富含着生命。设计师通过对这些生命体的培育，并懂得合理地将这一因素按一定的形式去容纳。这些得到认可的元素若处理得好，将会使版面变成真正活的有机体。

版面中处于上部的图形具有一种轻松感，一种飘忽的自由感，这两种特性决定了图形的性质。处于这一位置的图形，面积越小越接近顶部边缘，特性就越强。当组成面的单体颗粒处于微小且离得较远时，越易引发形态的飘忽感。若这些微粒间距紧凑，密度加大，其稳定性将随之增强。

从这一特性出发，凡是较重的形态处于版面的上部时，其重心会随着分量的加重而变得自由轻松，并会产生运动的视觉心理，张力易被消除。形态处于版面的下方，情况则相反。由于引力的作用，处于下方的面往往给人以下坠、沉重与束缚的感觉。越是靠近版面的下半部分，沉重感就变得越强，面的微粒间距就越紧密，它便能够承受住更大、更重的负荷。随着这些形态重量的加强，上升感也就变得越来越困难。若想使版面位置的这种特性趋于平衡，必须通过相反、对比的手段才能达到。上部的形态重一些，下部的形态轻一些，使其张力朝着相反的方向运动，于是均衡产生了。

上述形态在版面中的这些规律实际上在前面章节中的力场部分已涉及。例如，处于版面左边的形态有轻松、愉快和开始之感；而处于版面右边的形态则有结束、压抑的心理体验。在此不再赘述。至于圆形的面，最接近于无声安静的状态，在力的分布中，它永远是相等作用力的结果。

三、面的分类

从上述对面的归纳情况来看，可以将面再分为积极和消极两大类。

- 积极的面为点的扩大、线的移动、线的宽度增加所形成的面。
- 消极的面是由点的密集、线的复制、集合靠近、线条环绕所形成的面。

点与线的密集或者扩大可以形成面，当它们形成面之后，点本身作用便会失去，代之以集合而成的各类几何平面，这部分面的界定被称为消极的面。

四、面的组合分割

与版面相关的设计形式都离不开对面的分割，不同时期的荷兰的风格主义、俄国的构成主义以及德国的包豪斯现代设计，尤为重视对版面的形态分割，如图8-13所示。

图8-13　俄国的构成主义作品及版式设计

面的组合版面分割总是以有规则地配置图块得以体现，图块(面)组合的好坏直接影响版面的最终效果。设计中常常应用组合的方式，以同形单位作相应的移动，并在此基础上运用回转、变形等方法进行复合构成组合版面的图与底。

五、图与底的关系

人的视觉不是孤立的，它会受到周围环境事物的影响，若要认识某一形象，必然会依靠"底"的关系而存在。这种关系是相互的，它们各以对方的存在作为自己存在的前提。它是以一方的"面"引起另一方"面"视觉反映的有趣现象。图与底的关系实际上却包含许多复杂的美学原理。前文中已详述了图与底的关系，作为对一个问题的进一步讨论，有必要补充三点。

- 图与底的关系是相对的，它的转换常常取决于面的强弱和色彩的对比度，对比处在等形等量时，色彩起着关键的作用。视觉对于色彩饱和度有着特别的敏感性，越是高彩度、高饱和度的面，越容易引起目光的重视。色彩高度饱和的面在图与底的关系中更易于凸现出来。
- 组成图形的点状密度具有重要作用，深色且密度大、由点组成的面具有引起视觉注意的特性。
- 人的视觉在处理图与底的关系时，总是先寻找日常生活中最熟悉的形态。若图形中有人物，人们最先关注的是人物而不是其他，如图8-14所示。

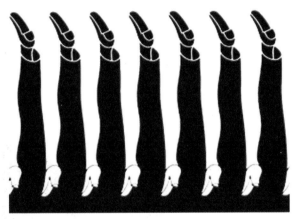

图8-14　图与底的关系

六、面在版面上的构成

面在空间上占有的面积最多，因而在视觉上要比点、线来得强烈、实在，具有鲜明的个性特征。面可分成几何形和自由形两大类，因此，在排版设计时要把握相互间整体的和谐，才能产生具有美感的视觉形式。在现实的排版设计中，面的表现也包容了各种色彩、肌理等方面的变化，同时面的形状和边缘对面的性质也有着很大的影响，在不同的情况下会使面的形象产生非常多的变化。在整个基本视觉要素中，面的视觉影响力最大，它们在画面上往往是举足轻重的，如图8-15所示。

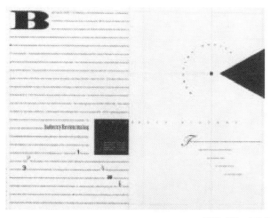
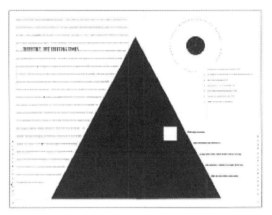

图8-15　面在版面上的构成

第四节　版式设计中的其他要素

在组成一张版式的各种构成要素中，除了点、线、面基本的元素之外，还有一些其他的因素对一张版式设计的成功与否也起着至关重要的作用。比如，版面中的肌理效果、色彩效果、三维空间感等要素的巧妙运用，它们对于丰富整个版式的结构、更好地表达设计师的设计思想以及增加版式的视觉感染力等方面所起的作用是不可替代的，如图8-16所示。

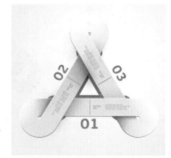

图8-16　版面上的肌理效果和三维空间感

第五节　如何巧妙运用版式设计的基本元素

版式设计中最常用的视觉元素抽象地来说，分为点、线、面；具体来说，可以分为图形、文字和色彩。在版面上，内容自然是第一位的，任何的设计都要为内容服务，内容是版面的血肉；当然视觉元素的重要性也不逊色于内容，视觉元素可以说是版面的灵魂。

点、线、面是版式设计中的基本构成元素，每个元素的存在与变化都可以确定由其所产生的作品的形式与风格的不同。通过点的空间排列，线的曲直粗细，面的虚实与面积的对比关系，进行综合性视觉处理之后，点、线、面就会变得相当具有表现力。点的不同的组合与排列可以产生多种不同的视觉效果；线的曲、直、粗、细给人以一种秩序的美、规则的美；

面的大小、虚实、空间、位置等不同状态也会让人产生不同的视觉感受。

一、设计与纯艺术是不同的

版式设计很好地诠释了设计与纯粹艺术的不同。

(一)在版式设计中，文字可以不仅仅是文字

文字可以以文字作为页面中的一个点，这个点在整个页面中有密集的形式、对称的形式等，这些就可以与平面构成中的关于美的基本法则完美地结合在一起。文字也可以以线的形式出现，比如小号的文字排成一列或者几列，通过调整行距的大小来改变线与线之间的关系，造成一种韵律感。另外，文字还可以以面的形式出现，一整段的文字在一个页面中就是一个面的形式，改变段落中个别文字的大小可以造成一种错落有致的美感。通过调整文字构成的点、线、面来调整整个页面，这也是平面构成中对于美的基本认识。这就是文字以点、线、面的形式出现在页面中的情况，图形也同样可以这样排列，如图8-17所示。

图8-17　文字以点、线、面的形式出现

(二)图形或者图片在整个版式中的作用

在版式中基本的圆形或者方形都对它内部的文字或者是图片有强调的作用，其他形状也同样能有这样的效果。而一些感觉闭合的图片同样会给人一种整体感，缺失的部分还给页面留下一些让人思考的空间。另外，在设计版式时一定会遇到图片的排列，这里主要阐述一些具有指向作用的图片在版面中的运用。比如，运用人物侧面肖像的图片，人物的视线方向可以不通过创造一些错觉就能起到强调空间的作用；俯视的图片适当的放在版面的下方，留下版面上方的空白可以给人留点想象的余地；全出血版的图片可以用极度的真实感来征服读者等。这些就要靠设计师的灵活运用来设计出不同凡响的效果了，如图8-18所示。

图8-18　图片在整个版式中的作用

二、要有亮点

在一个版面中，一定要有一个亮点来吸引观者的目光，让人们充分地注意这一点，其他的元素都是辅助这一点而存在的，这一点在整个版面设计中是最重要的；而且只能够是一点，没有这一点，整个页面就显得平淡无奇，毫无吸引力和乐趣可言，让人看过之后毫无感觉。然而如果到处都是吸引眼球的点，那么就没有重要与次要之分的版面，这与平淡无奇是没什么区别的。这就应了中国那句老话"有舍才有得"！在一个版面中什么地方才是吸引人眼球的点呢？那就是文字与文字、文字与图形或者是图形与图形之间重叠或者是有彼此联系的地方。

空白空间在一个版面中的作用是十分重要的。空白空间对于版面设计而言，犹如肺之于人，它不是由于美学原因存在的，而是由于生理原因存在的。可见，经常被人忽视的空白空间对于页面来说是多么的重要。把握好空白空间的设计对于把握整个版面的设计是很有帮助的。

三、把握整体

从整体上来把握版式的设计，让整个版面看上去更完整、舒服、协调和成熟，这是非常重要的，只有这样才能通过版式来体现设计者的一种感情，或向上、或压抑、或爆发、或平静等。

版式设计的原则就是让观者在享受美感的同时，接受作者想要传达的信息。最终目的是使版面产生清晰的条理性，用悦目的组织来更好地突出主题，达到最佳诉求效果。

按照主从关系的顺序，使放大的主体形象视觉中心来表达主题思想。将文案中的多种信息作整体编排设计，有助于主体形象的建立。在主体形象四周增加空白量，使被强调的主体形象更加鲜明突出。强化整体布局，将版面的各种编排要素在编排结构及色彩上做整体设计。加强整体的结构组织和方向视觉秩序，如水平结构、垂直结构、斜向结构、曲线结构。加强文案的集合性，将文案中的多种信息合成块状，使版面具有条理性。加强展开页的整体

性,无论是产品目录的展开页版,还是跨页版,均为在同一视线下展示。因此,加强整体性可获得更加良好的视觉效果。

四、版式设计实例分析

宣传册的设计不同于其他排版设计,它要求视觉精美且档次高。在排版设计中尤其强调整体布局,连同内页的文字、图片、小标题等都要表现独特。经常是两页的视觉空间共为一个整体,没有界线,使前后一致、互相呼应。下面是一本宣传册的设计。

依照前面所讲的排版设计的程序及基本元素的运用,下面将逐步进行分析。

(1) 图8-19所示为宣传册画的概念草图,图片位置的变化旨在表现整体内容的丰富。

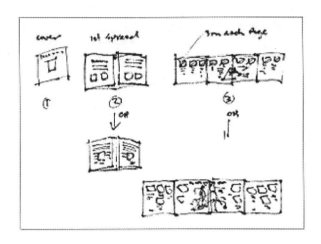

图8-19　宣传册草图一

(2) 图8-20所示为更精致的设计稿,文字、标题与图片的布局已一目了然。

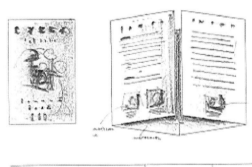

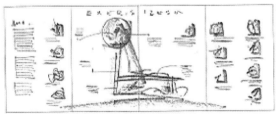

图8-20　进一步丰富的草图

(3) 图8-21所示为最后的成品,大面积的深浅咖啡两色单纯典雅,与图片的色调融为一体,整体风格显得十分高档、精致,却不失大气。

图8-21　最终效果图

优秀版式设计作品欣赏

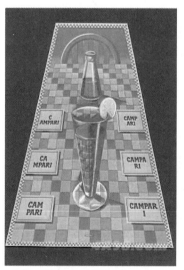

点评：此作品利用版面的刻意留白来表现虚实关系,具有凝聚视线的作用,版面的空间感强。

点评：此作品使用了独特的透视画法,把酒瓶作为主要物件,图的四边加上了粗犷的写有字的正方形框,作品的颜色、构图和远视效果都十分醒目。

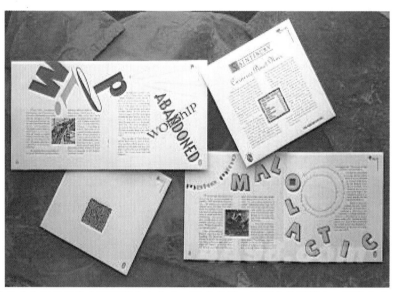

点评：此作品在文字的编排方面严谨中有自由，形式多样；构图也是严谨中又不失自由，内容充实。在版面的分割设计上值得我们学习。

08

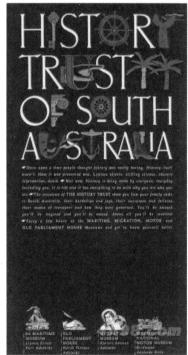

点评：此作品主题文字形式活泼，极具吸引力和视觉冲击力，版面的编排上体现出变化中又不失统一的特点。

点评：此作品图片放置的位置直接关系到版面的构图布局。版面中的左右上下及对角线的四角都是视线的焦点，在这焦点上恰到好处地安排图片，版面的视觉冲击力就会明显地表露出来。编排中有效地控制住这些点，可使版面变得清晰、简洁而富有条理性。

点评：此作品在字距与行距以及透视的把握上表现出独特的设计风格。对于版面来说，字距与行距的加宽或缩紧更能体现主题的内涵。现代国际上流行将文字分开排列的方式，感觉疏朗清新、现代感强，因此，字距与行距不是绝对的，应根据实际情况而定。

（以上作品参考网址：http://hi.baidu.com/%BA%AB%C1%C1321/blog/item/1ad87f80f3cd40d1bd3e1e5d.html）

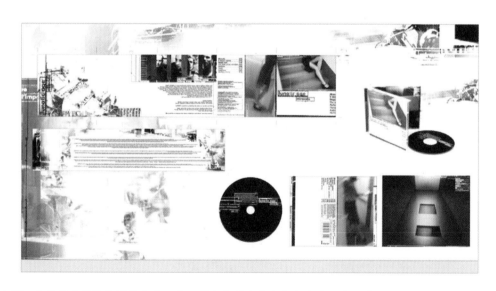

点评：此作品整体效果看似杂乱无章，其实体现出在变化中求统一的设计原则，作品视觉冲击力强，结构严谨，形式自由。

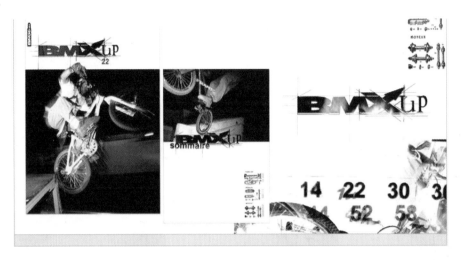

点评：此作品利用版面上对元素的大小、远近、虚实关系的对比，起到活跃视线的作用，产生特殊的画面效果。该作品给人以简洁、醒目、变化多端的视觉体验。

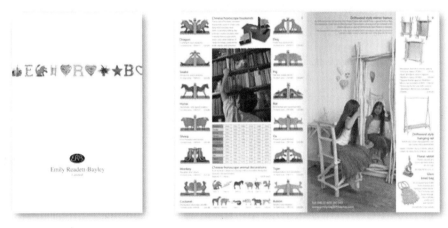

点评：此作品构图饱满，版面中心点突出，形式自由活泼，内容丰富。大幅图片与文字的混排给人以稳定、相互呼应的感觉。

点评：此作品结构严谨，颜色运用熟练，使用水平垂直线规律地对版面进行分割，获得了理性与秩序的美，给人视觉美的享受。

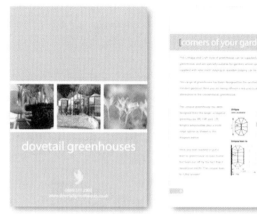

点评：此作品以紫色调为主，让人感觉大气、安静、高贵。图片的分割打开了层次，让整个版面空间感更强。

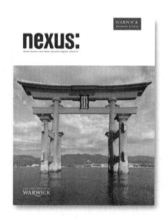
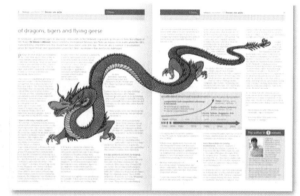

08

点评：此作品中左图结构简洁大气，主题突出；右图龙的跨页的图文混排打破了呆板的版面布局，增加了版面的活跃性。

点评：此作品都以图片占据大部分版面来进行设计，作品形式感强，简洁大气，主题突出。

点评：此作品以绿色为主色调，给人以安静、温暖的感觉，书本的跨页设计使作品更显大气且形式感强。

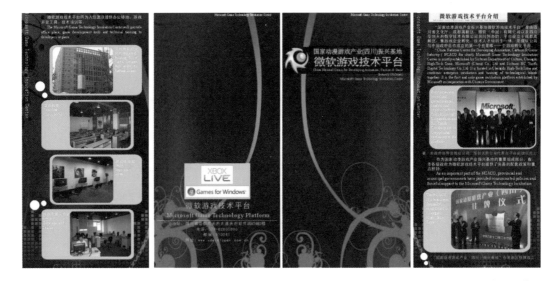

点评：此作品图片与文字穿插编排，形成散点组合。运用线条的分割、文字的群组化以及单一的背景色形成整体感。

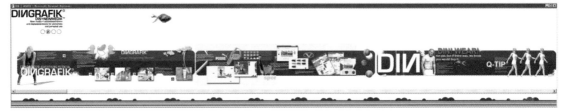

点评：此作品巧妙地运用动态元素，比印刷媒体具有更强的表现力。以横贯页面的长条色块统一画面，图片安排随意，疏密有致，使整体风格既统一又有变化。

点评：此作品的各视觉元素呈三角形排列，整体看为正三角形的构图，主体形象稳定且突出视觉冲击力强。

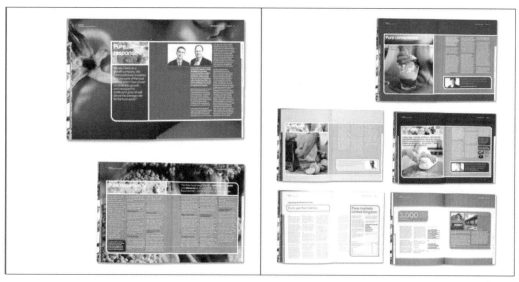

点评：此组作品共同的特点是整体统一、主次分明，将读者的视线锁定，产生简纯而规整的美感。通过图文混排以及大小对比，文字水平垂直排列，将某一部分加强效果，产生对比与动势，从而印象被加强。

1. 版式设计的基本元素有哪几种？各有什么特点？
2. 版式设计还有哪些其他的要素？

设计制作新年贺卡

项目背景

新年临近，同学之间喜欢互赠新年贺卡，以往同学们都是在商店买贺卡，有时互赠的贺卡还会相同，缺乏新鲜感。如果同学能收到好友亲手制作的、富有个性的、漂亮时尚的贺卡，不但能避免"撞车"，还能增进同学之间的友谊，增强节日的气氛。

项目要求

使用Photoshop制作新年贺卡，掌握点、线、面元素在设计中所起到的作用。灵活运用这些元素，设计出好的作品。

项目分析

首先利用渐变工具将白色画布进行着色渲染，比如蓝色到白色、绿色到白色等，使画布具有喜庆的感觉，利用形状工具可在画布上添加一些有装饰效果的形状，比如音乐符号、雪花、松树、枫叶等，并按照画面设置不同的颜色。

要制作新年贺卡，必须确定贺卡的风格，查找一些图片素材，并运用画笔工具、文字工具、移动工具、渐变工具来完成。在版式设计中要求灵活运用点、线、面进行编排，达到在整体版面上各元素和谐组合。

第九章

版式设计的基本视觉流程

学习要点及目标

- 了解版式设计的基本视觉流程有哪些。
- 了解各个版式设计视觉流程的特点。
- 灵活掌握对版式设计视觉流程的运用。

视觉流程的形成是由人类的视觉特性所决定的。受生理结构限制，人的眼睛只能产生一个焦点，不能同时把视线停留在两处或更多的地方，我们可以做的只有先看什么、后看什么，依照一定的顺序浏览、观察。

人们在阅读中，视觉有一种自然的流动习惯，一般是从上到下，从左到右，从点到线，而这种视觉的习惯又是可以被视觉元素所影响的。我们如何科学地运用这种习惯，通过一定的手段来引导观者的视觉流程是设计师的一个重要命题。

所谓版式设计，即在版面上将有限的视觉元素进行有机的排列组合，将理性思维个性化地表现出来，是一种具有个人风格和艺术特色的视觉传达方式。它在传达信息的同时，也产生感观上的美感。

版面设计的视觉流程是一种"空间的运动"，是视线随各元素在空间沿一定轨迹运动的过程。

引导案例

最佳视域和视觉流程

版面中最重要的信息一般安排在注目率最高的版面位置，这个位置便是版面的"最佳视域"。最佳视域是指版面所要表达的重点位置，也就是人们关注画面的最中心的位置。所以在图9-1所示的海报中，画面的左上部和上中部可以称为"最佳视域"。

图9-1　最佳视域

每个版面自有其重心，而重心视觉流程最显著的特点就是强烈的形象或文字独据版面的某部分甚至整个版面，占据着重要地位，使人第一眼看上去就关注到明显的视觉主题。因此在版面设计上，一般应重点考虑视觉重心，这个重心一般在屏幕的中央，或者在中间偏上的部位。一些重要的文字和图片可以安排在这个部位，而在视觉重心以外的地方可以安排那些稍微次要的内容，这样在版面上就突出了重点，做到了主次有别。

　　在观看这类设计时，在视觉流程上，首先是从版面重心开始，然后顺着形象的方向与力度的倾向来发展视线的进程，继而扩展到其他各个部分。重心视觉流程引导我们跟随设计师安排的视觉流程脚步来进一步理解和体会鲜明的版面设计主题。在图9-1所示的海报中，我们很容易就把注意力集中到了画面中的雕塑和蜗牛壳上，然后顺着主体物发现了旁边有提示性的文字，继而进一步地引发我们的想象，让读者对设计者的设计意图了然于胸。

第一节　视觉流程的形式

　　在版面空间里，若画出一条直线或曲线时，其空间就被分割了。视觉流程可以从理性与感性、方向关系的流程与散点流程来分析。

　　方向关系的流程强调逻辑，注重版面的清晰脉络，似乎有一条线、一股气贯穿其中，使整个版面的运动趋势有"主体旋律"，细节与主体犹如树干与树枝一样和谐。方向关系流程较散点关系流程更具理性色彩。视觉流程的形式一般可分为以下几种。

一、单向视觉流程

　　单向视觉流程，顾名思义就是只使用简明清晰的流动线来安排整个版面的编排。它的特点是令版面显得简洁有力，视觉冲击力强。

　　单向视觉流程使版面的流动线更为简明，直接地诉求主题内容。这种方法在现代设计中运用很广泛，特别是在需要短时间内吸引人注意力的海报设计中尤为普遍，如图9-2所示。

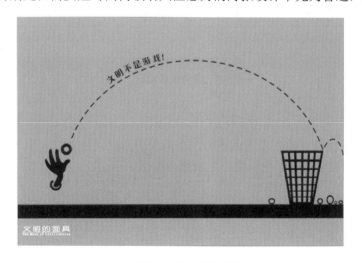

图9-2　单向视觉流程

按照方向来分,我们可以把单项视觉流程分为竖向、横向、斜向和曲线形4种。

(一) 竖向视觉流程

引导我们的视线作上下流动,具有坚定、直观的感觉,如图9-3所示。

图9-3 竖向视觉流程

(二) 横向视觉流程

引导我们的视线向左右流动,给人稳定、恬静之感,如图9-4所示。

图9-4 横向视觉流程

(三) 斜向视觉流程

较之水平、垂直线有更强的视觉诉求力,会把我们的视线往斜方向引导,以不稳定的动态引起注意。斜向的视觉流程,使页面产生动感,如图9-5所示。

(四) 曲线视觉流程

曲线视觉流程不如单向视觉流程直接简明,但更具韵味、节奏和曲线美。它可以是弧线形"C",具有饱满、扩张和一定的方向感;也可以是回旋形"S",产生两个相反的矛盾回旋,在平面中增加深度和动感,如图9-6所示。

图9-5　斜向视觉流程

图9-6　曲线视觉流程

二、最佳视域

　　最佳视域是指版面所要表达的重点位置，也就是人们关注画面的最中心的位置。在有限的平面里，观者视线落点为先左后右、先上后下的规律，相应地，这个平面的不同部位成为对观者吸引力不同的视域。根据其吸引力大小排列，依次为左上部、右上部、左下部、右下部，所以平面左上部和上中部可以称为"最佳视域"，如图9-7所示。

图9-7　平面中左上和上中部为"最佳视域"

三、重心视觉流程

重心是指视觉心理的焦点。每个页面中都有一个视觉焦点，这是需要重点处理的对象。重心是否突出，和页面版式编排、图文的位置、色彩的运用有关，同时也与对"重心"着力描写有关。在视觉心理作用下，重心视觉流程的运用使主题更为鲜明、强烈。

在具体的处理上，一般沿着视觉重心的倾向与力度来发展视线的进程。通常以鲜明的形象或文字占据页面某个位置，或完全充斥整版，集合浏览者的视线，完成视觉心理上的重心建造。另外，向心、离心的视觉运动，也是重心视觉流程的运用形式，如图9-8所示。

图9-8　重心视觉流程

四、反复视觉流程

反复视觉流程是指在版面设计中，相同或相似的视觉元素按照一定的规律有机地组合在一起，可使视线有序地构成规律，沿一定的方向流动，引导观者的视线反复浏览。其运动流程不如单向和重心流程强烈，但更富于韵律和秩序美。这种视觉流程适合于需要安排许多分量相同的视觉元素，如介绍一组产品、一系列事物等，如图9-9所示。

图9-9　反复视觉流程

五、导向性视觉流程

在版面构成中，通过诱导元素，使读者的视线按一定的方向顺序运动，并由大到小、由主及次把版面各构成要素依序串联起来，组成一个整体，形成最具活力、最有动感的流畅型视觉因素。其表现形式主要有文字导向、手势导向、指示导向、形象导向和视觉导向几种。图9-10(a)为视觉导向视觉流程，图9-10(b)为形象导向视觉流程。

(a) 视觉导向视觉流程　　　　　　　　　　　　　(b) 形象导向视觉流程

图9-10　导向性视觉流程

09

六、散点视觉流程

所谓散点视觉流程是指版面中各元素之间形成一种分散、没有明显方向性的编排设计，是打破常规的秩序与规律，以强调感性、随意性、自由性为特点的表现形式。散点式视觉流程适用于广告内容比较多的画面构成。视线可根据构成的情况，产生不同的流动方式，是一种平衡稳定的构成形式，如图9-11所示。

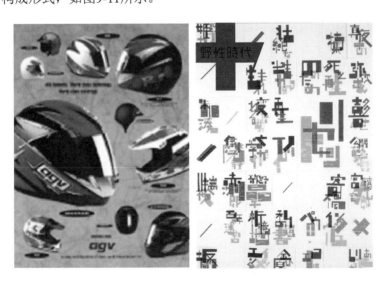

图9-11　散点视觉流程

第二节　视线流动规律

所谓视觉流程，就是人的视觉在接受外界信息时的流动程序。这是因为人的视野有限，不能同时感受所有的物象，必须按照一定的流动顺序进行运动，来感知外部环境。版面设计的视觉流程是一种"空间的运动"，是视线随各元素在空间沿一定轨迹运动的过程，它遵循一定的视线流动规律。

一、视线流动受视线刺激的强弱和心理的影响

人们的视线总是最先对准刺激力强度最大之处，然后按照视觉物象各构成要素刺激度由强到弱的流动，形成一定的顺序。

由于人们的视觉运动是积极主动的，具有很强的自由选择性，往往是选择所感兴趣的视觉物象，而忽略其他要素，从而造成视觉流程的不规范性与不稳定性，如图9-12所示。

图9-12　视线在最感兴趣和刺激力强度最大之处

二、视线流动的逻辑性

在视觉心理学家的研究中，视觉运动规律是其成果之一。一条垂直线在页面上会引导视线作上下的视觉流动；水平线会引导视线作左右的视觉流动；斜线比垂直线、水平线有更强的视觉诉求力；矩形的视线流动是向四方发射的；圆形的视线流动是辐射状的；三角形则随着顶角的方向使视线产生流动；各种图形从大到小渐层排列时，视线会强烈地按照排列方向流动。

视线流动的顺序还会受到人的生理及心理的影响。由于眼睛的水平运动比垂直运动快，因而在观察视觉物象时，容易先注意水平方向的物象，然后才注意垂直方向的物象。人的眼睛对于画面左上方的观察力优于右上方，对右下方的观察力又优于左下方，因此，一般广告设计均把重要的构成要素安排在左上方或右下方。

要符合人们认识的心理顺序和思维活动的逻辑顺序，广告构成要素的主次顺序应该与其吻合一致。例如，图片所提供的可视性比文字更具直观性，把它作为广告版面的视觉中心比较符合人们在认识过程中先感性后理性的顺序，如图9-13所示。

图9-13　先感性后理性

三、视线流动的诱导性

现代广告的编排设计十分重视如何引导观众的视线流动。设计师可以通过适当的编排，左右人们的视线，使其按照设计意图进行顺序流动。用什么要素捕捉观众的视觉注意力呢？

例如，为了使广告产生良好的视觉诱导效果，也为了烘托广告主题和增加画面兴趣，现代广告常用俊男美女作为版面的广告人物形象，采用美妙的动与静的姿态吸引人们的目光。当人们的视线接触到直立的人物形象时，就会从人的脸部的眼睛开始，最后引导到产品上或商标上，最后到达广告诉求重心，如图9-14所示。

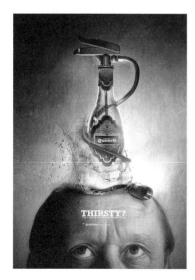

图9-14　视线流动的诱导

第三节　理解和运用版式设计的视觉流程

版式中的视觉流程设计的根本目的是为了诱导视线，实现信息的有效传递。版式设计中的视觉流程可分为二维、三维及多维几种类型；设计中应注意逻辑性、节奏感和韵律感、诱导性等问题。

下面分别通过对展板、报纸广告、网页的视觉流程及表现方法的分析，探讨设计师应了解和掌握这些视觉流程的必要性，以便更好地理解和运用版式设计的视觉流程。

一、展板版式设计与视觉流程

展板设计要引导参观者的视觉流程，突出展示的重点。在单幅版面上，用特殊字体、图形等设计强调某个部分，使其形成视觉中心。

为了使展示内容流畅易懂，在整体展示流程上要按照时间顺序来逐步介绍，也可以把相同主题类别的展品放在一起，还可以按照操作顺序进行说明。总之，展板设计要具备一定的吸引力和诱导性，应该让整个参观过程愉悦流畅，还要让参观者抓住重点，容易记忆。

现代展板设计的分类如下。

（一）解释说明的风格式版面

解说型版面要控制文字的信息量，尽量少而精的介绍，让人把精力集中到观看展品上。这种方式多用在博物馆等文化展览场所。可以是显性框架也可以是隐藏性框架。图片、文字等安排在框架之内，产生条理清晰、严密的风格。根据视觉就近原则，文字和图形互相说明，让视觉更加流畅，如图9-15所示。

（二）突出展品的特定式版面

若所陈列的展品较大，可截取展品的典型部分来体现产品的魅力；或者为了突出展品的品质，用夸大的手法表现展品，说明文字尽量精简。这种版式言简意赅，视觉冲击力强，在自由中蕴含一定的节奏和动感，使版面活泼生动。

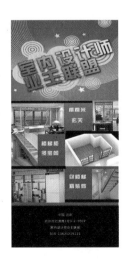

图9-15　解释说明和突出展品版面

（三）平面与立体模型相结合的版面

版面构图打破平面的限制，结合立体模型展示，使版面更有视觉冲击力，给人以如临其境的感受，如图9-16所示。

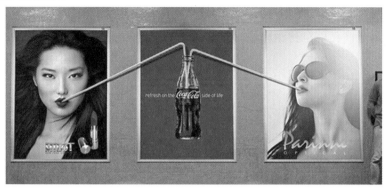

图9-16 平面与立体模型相结合版面

（四）渲染情境的出血式版面

靠近版面边缘的图片超出边线，形成强烈动感、现代的效果。

（五）引导视觉方向的色带贯穿式版面

利用细线、虚点、文字或者色带、图像等元素，使构图形成一定的动向和统一性。参观者可以在这种视觉导向下，按照设计者设定的顺序来观看，可以重点突出，有条不紊，如图9-17所示。

图9-17 渲染情境的出血式版面和色带贯穿式版面

二、报纸广告版式设计与视觉流程

报纸广告是大家非常熟悉的广告形式，它种类繁杂，发行面广，时效性强，传播力高，阅读者众多。尤其是报纸的连续性,更能吸引读者逐步加深印象。因此,报纸是"解释力最强"的广告媒体。报纸广告的版面大体分为双页跨版、双半页跨版、整版、半版、四分之一版、三分之一版和其他不同尺寸的广告版面。一幅报纸广告主要由商标、品名、标题、广告语、文案、厂名、图片和图形等要素构成。对于报纸广告来说,如何在节奏加快的现代社会中以最短的时间把商品信息传达出去,就必须具有一定的视觉冲击力和正确合理的视觉流程导向。

(一)线向视觉流程

线向视觉流程主要借助于线的不同方向的牵引,似乎有一条清晰的运动脉络贯穿于版面始终,诉求单一、简单明了,具有强烈的视觉效果。竖向线的流程在版面中由于有一条或多条竖线贯穿版面上下,牵引着人们的视线上下来回地浏览,具有直观顺畅的感觉。横向线的版面视觉流程则引导人们的视线左右移动,产生平稳、富有条理的感觉。斜向线的版面设计流程则具有不安定因素,不仅有效地烘托了主题诉求点,并且视觉流向独特,往往更能吸引人的视线。版面的曲线视觉导向寓意深刻、构成丰富,饱满的回旋形具有无限变化,能使形式与内容达到完美的结合,如图9-18所示。

(二)导向视觉流程

通过引导元素,使读者的视线按一定的方向运动,并由大到小、由主及次,把版面各构成要素依序串联起来,组成一个整体,形成最具活力、最具动感的流畅型视觉因素。借助文字、图形的导向因素编排报纸广告版面的视觉流程是最为普遍的,如图9-19所示。

图9-18 线向视觉流程　　　　　　　　图9-19 导向视觉流程

(三)多向视觉流程

多向视觉流程是指与线向、导向相反的视觉流程,它强调版面视觉的情感性、自由性和个性化的随意编排,刻意追求一种新奇、刺激的视觉新语言。此流程包括反向视觉流程、散点视觉流程和重心视觉流程。它们或违背视觉流程的规律,或文字与图形各自为政、互不相干,或把版面的重心引向下方、异常出位。但从整体布局来看,具有一种与众不同、标新立异的独特魅力,如图9-20所示。

（四）复向视觉流程

复向视觉流程是把相同或相似的版面视觉要素进行重复地、有规律地排列，使其产生秩序的节奏韵律，从而起到加速视觉流动的功效。其中包括：

- 连续视觉流程。将图形连续构成，产生一种回旋的气势，其蕴含的审美风格能增加记忆度。
- 渐变视觉流程。包括图形与文字元素的渐变，形成强烈的视觉动感，具有一种阅读时的流畅与愉悦性。
- 近似视觉流程。把相近似的图形编排在版面中，使版面营造出一种情理之中、意料之外的抒情氛围。

在报纸广告版面设计中，能否善于运用视觉流程规律和方法，是检验设计师版面设计技巧是否成熟的标准，如图9-21所示，采用了复向视觉流程。

图9-20　多向视觉流程　　　　　　　　图9-21　复向视觉流程

三、网页版式设计与视觉流程

视觉流程是视线在观赏物上的移动过程，是二维或三维空间中的运动。这种视觉的流动线极为重要，同时又是很容易被网页设计者忽视的因素。经验丰富的设计者都对此非常重视，他们善于运用这条贯穿页面的主线，设计易于浏览的页面。从某个角度来讲，视觉流程的设计结果就是版式。下面将对网页的版式设计进行总结和阐述。

视觉流程是网页版式设计的重要内容，可以说，视觉流程运用的好坏是设计者技巧成熟与否的表现。

页面中不同的视域，注目程度不同，给人心理上的感受也不同。一般而言，上部给人轻快、漂浮、积极、高昂之感；下部给人压抑、沉重、限制、稳定的印象；左侧，感觉轻便、自由、舒展，富于活力；右侧，感觉局促却显得庄重。网页中最重要的信息，应安排在注目率最高的页面位置，这个位置便是页面的最佳视域。

如图9-22所示，该页面设计得轻松而具均衡的形式感，把最佳视域留给了横贯页面的大

Banner(一般翻译为网幅广告、旗帜广告、横幅广告等)。

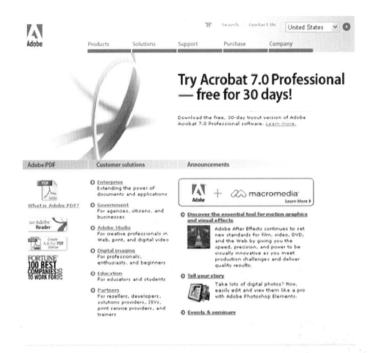

图9-22　页面的最佳视域

如图9-23所示，在该页面中作为个性化的视觉元素，拼贴剪纸式的文字分别占据了三个点，吸引视线在它们之间流动。

图9-23　个性化视觉流程

人们阅读材料时习惯按照从左到右、从上到下的顺序进行，如图9-24所示浏览者的眼睛首先看到的是页面的左上角，然后才会去看其他内容，这就是运用了版式设计视觉流程中的重心视觉流程及视觉流程的诱导性规律。

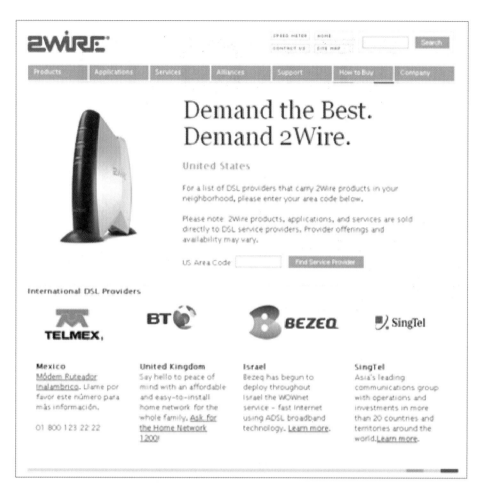

图9-24　重心视觉流程和视觉流程诱导性规律的运用

 拓展知识

POP广告

POP(Point Of Purchase)意为"卖点广告",又名"店头陈设"。本来是指商业销售中的一种店头促销工具,其形式不拘一格,但以摆设在店头的展示物为主,其主要商业用途是刺激引导消费和活跃卖场气氛。常用的POP为短期的促销使用,它的形式有吊牌、海报、小贴纸、纸货架、展示架、纸堆头、大招牌、实物模型、旗帜、户外招牌,展板、橱窗海报、店内台牌、价目表、吊旗、甚至是立体卡通模型等,夸张幽默,色彩强烈,能有效地吸引顾客的视点唤起购买欲,它作为一种低价高效的广告方式已被广泛应用。如图9-25所示为立体POP。

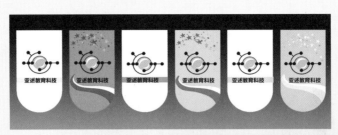

图9-25　吊旗和立体POP

优秀版式设计作品欣赏——皮埃尔迪休洛作品

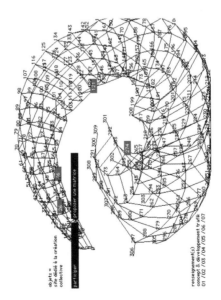

　　点评：此作品在进行版式设计构思时，突出、强化主题形象的措施是：多次、多角度地展示这一主题，从变化中求得统一，进一步深化主题形象。

 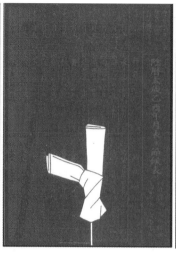 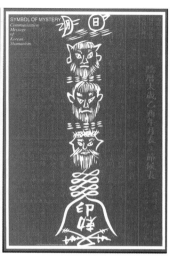

点评：此组作品将版面中各种编排要素（图与图、图与文字）在编排结构及色彩上进行了整体设计。当图片和文字少时，则需以周密的组织和定位来获得版面的秩序。即使运用"散"的结构，也是设计中特意的追求。

此组作品主要体现了整体的结构组织和方向视觉秩序，加强了图文的集合性，将图文中多种信息组合成块状，使版面更具有条理性；加强版面的整体性，使作品获得更好的视觉效果。

点评：此作品的版面布局合理，创意新颖，两种不同形式的版面设计放在同一版面上形成呼应，文图分布疏密有致。

点评：此作品创意新颖、独特，版面设计极具视觉冲击力，图文混排形成主次分明的格局，打破了呆板的布局，色彩运用熟练，红色与灰色色调形成强烈的对比。

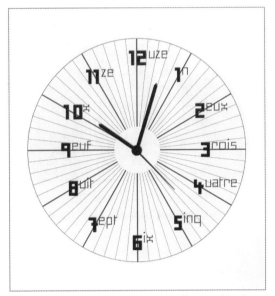

09

点评：此作品将昆虫与人腿巧妙的结合，占据版面的视觉中心点，红绿对比强烈，整体布局新颖，文字编排设计创意性强。

点评：此作品是以具象的时钟作为设计元素，版面布局严谨，四周留有的空间更好地衬托主题。

点评：此作品运用大量的绿色为背景，黑色的人形以及点缀的红色给人以飘逸的感觉；三种颜色之间形成强烈的对比，使版面空间更强，更好地突出主题。底部文字的编排设计整体感强，增强了页面的稳定性。

点评：此作品主题形象化，在进行版式设计构思时，突出、强化主题形象的措施是：多层次、多角度地展示这一主题。例如，颜色、文字都有不同的变化，从变化中求得统一，进一步深化主题形象。

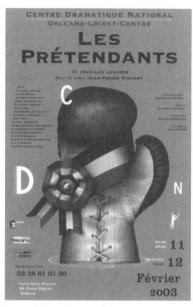

点评：此作品格局主次分明，图片方向感强，产生的视觉感应强。图形以其独特的表现形式，在版面展示着独特的视觉魅力。该作品将画面欣赏性与主题的思想内容完美地结合在一起，体现出它独具的分量和特有的价值。

点评：此作品设计风格简洁明了，画面柔和，给人以安宁、大气的感觉。颜色运用恰到好处，版面形式感强。

09

点评：此作品的版面以抽象性图形进行分割，形式简洁、色彩鲜明。运用色块之间的排列组合，与文字编排相互呼应。该作品利用有限的形式语言去营造一种空间意境，让读者有想象的空间。这种简练图形分割设计为现代人们所喜闻乐见，其表现的前景是广阔的、深远的、无限的，而构成的版面更具有时代特色。

1. 版式设计的基本视觉流程有哪几种? 各有什么特点?
2. 各个类型的视觉流程之间有什么联系?

制作POP广告

项目背景

一天，亚述视觉广告公司接待了一位客户，他是一家手机店的老板，希望公司能为他即将新开的手机店制作POP广告。

项目要求

掌握版式设计视觉流程不同形式的各自特点，制作有感染力的手机店POP广告。

项目分析

受生理结构限制，人的眼睛只能产生一个焦点，不能同时把视线停留在两处或更多的地方，而只能依照一定的顺序浏览、观察。人们在阅读时，视觉有一种自然的流动习惯，一般是从上到下、从左到右、从点到线，而这种视觉的习惯又是可以被视觉元素所影响的。所以在设计时，我们需要考虑在这个手机广告中哪些是要强调的，是要求第一眼吸引观者的，这就要求我们熟练掌握视觉流程各个不同形式的特点。

在设计上仍旧要把握POP广告是"卖点广告"的特点，需要在色彩、素材、广告语上下功夫。结合手机店POP广告的特点，利用具有视觉吸引的色彩，选择具有时尚元素的素材，加入简短的广告语，制作出新潮的手机店POP广告。

第十章

现代版式设计的教学及其应用

学习要点及目标

- 了解出版物版式设计基本结构和形式特点。
- 了解招贴的版式设计。
- 了解包装的版式设计。
- 了解网页的版式设计。
- 了解手机APP界面设计。

文字和图形是视觉传达设计的两个因素。版式设计是一种具有个人风格和艺术特色的视觉传送方式，在传达信息的同时，产生感官上的美感。版式设计的范围涉及报纸、刊物、书籍(画册)、产品样本、挂历、招贴画、唱片封套、网页页面及手机界面设计等平面的各个领域。

引导案例

DM单制作实战

美国直邮及直销协会(DM/MA)对DM(direct mail advertising)的定义是："对广告主所选定的对象，将印就的印刷品，用邮寄的方法传达广告主所要传达的信息的一种手段。"DM除了用邮寄以外，还可以借助于其他媒介，如传真、杂志、电视、电话、电子邮件及直销网络、柜台散发、专人送达、来函索取、随商品包装发出等。DM与其他媒介的最大区别在于，DM可以直接将广告信息传送给真正的受众，而其他广告媒体形式只能将广告信息笼统地传递给所有受众，而不管受众是否是广告信息的真正受众。

笔者暂时将DM单分为两类：第一类是产品展示型，主要是对客户需要展示的产品进行排版和设计；第二类可能是一个活动，没有产品展示，需要自己发挥的更多。

这里仅介绍第一类。客户提供的产品一般分两类：一类是有完整外观的，它本身就有一个很好的外形轮廓，一般这种都把产品单独抠出来进行制作；另一类是没有明显外形特点的，这样的处理方法就会有些特别，需要根据产品本身的特点和表达的主题来考虑设计的思路和表现的手法。

DM单通常是正反两面印刷，正面是主体形象、产品名称等，反面是产品介绍、地址、电话等。有的可以是多折页。下面简单讲一下设计时需要注意的几点。

第一步，整个环境（背景）的设计。

首先用简单的图形和文字表现出自己想表达的东西，使人一目了然。再根据产品特色确定表现形式和颜色基调。另外，颜色进行渐变处理也会产生光线照射的感觉，能够丰富层次感。

第二步，产品的展示。

如果产品的图片有清楚的外轮廓，那么只要把它们抠出来进行处理即可。可能有些图形轮廓比较难抠，抠出来以后会有毛刺，此时可以加个外发光，可以马上解决毛边问题。另外，如果产品排列起来感觉凌乱或者产品本身比较小，可以添加一些色块，协调统一画面。

第三步，字体的选择和装饰设计。

字体选择很重要，需选择适合主体形象的字体。为了突出主题文字，可添加装饰效果。但要有节制地使用，一般控制在3种以内，如图10-1所示。

图10-1　DM单设计

第一节　出版物的版式设计

出版物是指出版行为的成果和产品，即承载着一定信息知识、能够进行复制并以向公众传播信息知识为目的的产品。它分为定期和不定期两大类。前者分报纸和杂志；后者以图书(包括书籍、课本、图片)为主，属于印刷品的出版物。

随着留声机、缩微成像技术、录音技术、录像技术和计算机的发明与应用，出现了新型的、非印刷品的出版物，即唱片、缩微胶片、录音带、录像带、光盘等，通称为缩微制品、视听材料和电子出版物，主要分为报纸、期刊、图书、音像制品、电子出版物和互联网出版物6类。

在出版物版式设计中，虽然针对的对象不同，但其总的功能作用是一致的：一是梳理内容；二是调节容积；三是美化装饰。优秀的版式设计应使使用功能和艺术功能达到相对平衡。

一、书籍

书籍离不开装帧设计，犹如商品离不开包装一样，书籍装帧设计具有保护、宣传书籍的功能，同时又要符合读者心理，使阅读更为方便。

书籍装帧有平装与精装两种。精装书除了有硬封面外，护封、环衬、扉页、前言、目录、正文、后记、插图和版权页也是版面构成中必不可少的元素。如图10-2所示为精装书。

书籍的封面是版面构成的核心，体现书籍的主题精神，其包括封底、书脊、护封、封一、封二、封三、封四、书名、副题、

图10-2　精装书

作者、出版社和有关标志等。通过选定的开本、材料和印刷工艺等，设计师可展开想象的翅膀，使其艺术上的追求与书籍文化内蕴相呼应。

书籍装帧中的图形和文字应该能激发人们的艺术想象力，充分表现出本书的主题思想，并有很好的视觉效果，如图10-3所示。

图10-3　书籍的版式设计

二、期刊

在世界媒体发展大趋势的带动下，我国期刊装帧设计正朝着艺术性、娱乐性、亲和性的方向发展。过去那种千篇一律、注重说教、强调合理性的版式设计，正被一种新文化、新思维、新感受、新情趣、新艺术的设计理念所取代。这种极具人情味的设计能够迅速捕捉读者的注意力，激发他们的阅读兴趣。例如，服饰、保健、美容、美食、旅游、医疗、娱乐等领域，以"衣、食、住、行"为服务内容的生活类期刊的版式，设计新颖、图文并茂，被称为"专、精、特、新"类期刊，它们运用新的设计理念表现出强烈的时代气息，在内文纸张上采用雅粉和铜版全彩色印刷，开本国际化和个性化，结合其更新、更快的资讯时效，迅速占领了市场，如图10-4所示。

图10-4　各种期刊

期刊版式设计制作应注意以下几个方面。

（一）整体设计的原则性

目前，期刊的分类越来越细，并且越来越程式化和功能化，要设计出发行量大、销售额佳的期刊，最好的途径是化文化商品为艺术商品。新技术的发展给这种途径提供了可能，使期刊的排版印刷效率成倍增加。同时，它们之间的双赢又拓展了双方更为广阔的发展空间，期刊全方位整合升级，文字、图片的排版设计突破了几十年沿袭下来的模式和架构，在整体制作形式上以改变开本、增大图片比例、增加版面色彩成为中国期刊编辑的首选方案。

期刊的形式美是期刊整体策划的重要任务，这与期刊的文化定位和读者定位有着重要关系，是文章思想与版式设计的高度统一。在装帧艺术的世界里，期刊版面上的诸多视觉元素，如经过独特设计的正文字体、期刊的主色调、各辅色的具体色彩、所选用图片的质量以及所用纸张的克数等，这些细节都构成了期刊的整体形象，它们已不再是单纯的视觉符号，而是通过搭配、组合，传递出信息资讯的表情、期刊性质及内容的个性和代码。

期刊设计总的原则是处理好版面各元素之间繁简、大小、疏密、曲直等关系，在有限与无限、有序与无序、整齐与错落、热闹与宁静之间营造出不同期刊装帧设计的"气韵之美"，合理地运用版面的语言技巧，用具体的形象来完成意象的表达。如在设计中根据不同栏目的文章，标题文字可变换色彩、字体、字号或垫色块、加细线等。正文文字在编排上应该在统一中求变化，可单栏，双栏、三栏或四栏安排；图片可跨栏、跨页处理等。对于重点文章的图、文、题等的设计除了疏密有致、有松有弛外，也不妨尝试大疏大密、至险至奇，这样一来，就与其他栏目的设计形成对比，产生"平地起惊雷"的视觉效果，如图10-5所示。

图10-5　较好的版面各元素之间的关系

（二）设计精美的版面形式

好的美术编辑一定要懂得用版面语言传情达意。处理版面时除对内容进行合理安排外，还要注意形式上的包装。这种包装体现在版面语言上，包括稿件搭配、标题制作、栏、图设置、底网、线条和字体字号的选用等。在版式设计、文图编排、色彩使用和空间布局上，应做到整齐有序，变幻而不杂乱。大的地方简洁大方，一目了然；小的地方精细到位，细微之处见精华；用色上以中性色为主；整本杂志色调一致，用色变化丰富而不杂乱。注意设计元素各部分之间细节上的呼应，强化各设计元素在版面中的结构关联性，力争不同栏目有不同设计的同时，又能像链条一样，在内在逻辑关系上环环相扣、循序渐进，如图10-6所示。

图10-6 色调一致、细节呼应

(三) 突出文章标题

文章标题是版面语言中最活跃的一个元素，本身就具有很强的导读性，美术编辑可运用美学规律，利用现代科技手段，大胆创新，制作出庄重大方、活泼有动感、有反差、题文并茂的标题，如图10-7所示。

图10-7 突出标题文字

(四) 保证图片质量

图片是版式的重要组成部分，是最直接的视觉语言。看图时代，图片对文字的诠释作用可以使抽象文章具象化，增强文章的可读性，提高阅读的有效性和趣味性，所以期刊所用图片应保证印刷后的质量。根据内容应选用富于张力、拍摄角度新颖的图片，如图10-8所示。基本原则是局部比整体好、放大比缩小好，以吸引读者关注为最终目的。

图10-8 富有张力的图片

（五）突出个性化版式设计

版式的个性是出版物内在个性的外在表现。例如：《读书》《万象》《书城》等期刊的版式设计少有雕琢奢华之感，显出朴实丰厚的文化内涵，与期刊的内容相得益彰；而《青年视觉》《视觉21》《艺术设计》等无论从期刊设计的导读性还是审美性，都带给读者强烈的视觉冲击力和感染力。因此，刊物的装帧设计不但是一门实用艺术，也是一种文化艺术，如图10-9所示。

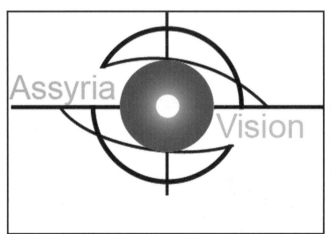

图10-9 个性化的版式设计

（六）应避免的误区

期刊的装帧作为时代精神的风向标，在经济大潮所引发的浮躁过程以及商业化的文化语境中，期刊美术编辑不能迷失自我，过分放纵自己的设计欲望，或者只希望借助新技术、新材料、新工艺等技术化的处理手段不断强化和刺激读者，一味不切实际地给刊物包装"新衣"，不惜血本地把自己打扮得"花枝招展"来取悦读者，与内容、定位脱节，其结果必然是丧失读者群。只有做到形式和内容的统一，既不喧宾夺主、故弄玄虚，又与文章组成和谐统一的整体，才能与大众产生互动。

在读图时代不能只看到流行，还应当提倡文化感，引领读者进入、享受期刊文化所带来的独特乐趣。

第二节 报纸的版式设计

版面是报纸各种内容编排布局的整体表现形式，报纸是否可读、能否在报摊上吸引读者的视线，很大程度上取决于版面。透过版面，读者可以感受到报纸对新闻事件的态度和感情，更能感受到报纸的特色和个性。传达出正确而明快的信息。报纸的版式设计应该在尊重信息传递这一功能性的基础上考虑其艺术性。

一、营造版面视觉冲击波

在零售市场上，报纸是对折放在报摊上的，只能展示版面的上半部分，因而将最具有视觉冲击力的图片和标题放在版面上部作突出处理是非常重要的。通过加大头条稿件所占面积、加大头条文字的排栏宽度、拉长头条标题、加大标题字号以及使头条标题反白……都能使头条成为视觉中心，这样就能使读者在路过报摊时无意间的一瞥便能够留住脚步。

从近几年获奖版面体现出的设计风格可以看到，这些版面都追求粗眉头(大标题)、小文章、大眼睛(大图片)、轮廓分明(块面结构)的阳刚直率之美，行文上很少拐弯，不化整为零，字体较少变化，线条又粗又黑。《北京青年报》较早地采用了这种"粗题短文多版块，钢筋结构大窗户"的版式，使报纸放在报摊上能够脱颖而出，在读者的视觉感受上产生不同凡响的效果，如图10-10所示。

图10-10　视觉冲击强的版式设计

二、突出宣传中心

人的眼睛只能产生一个视焦，人的视线是不可能同时停留在两处以上的，欣赏作品的过程就是视焦移动的过程。这一理论运用于报纸编排，主要是加大版面视觉中心的处理，让读者在几米之外就能被它吸引，如图10-11所示。

版面表现重大事件时，往往在体现内容丰富多彩的同时，还需突出一个宣传中心。比如，第九届中国新闻奖版面二等奖——1998年8月20日《解放军报》一版，报道抗洪抢险的重大主题，全版9篇稿件，从抗洪作战的纪实性宏观报道，到新娘将准备购置嫁妆的12万元捐赠灾区的微观报道，图文并茂，多角度、全方位地报道了抗洪抢险那场和平年代里最大的一次战斗，以及这场战斗所体现出来的军民一心的精神，版面突出的中心就是编者最想说的话。采用多种编排手段，突出一个宣传主题，会给读者留下一个深刻的印象，达到很好的宣传效果，如图10-12所示。

图10-11　加大版面视觉中心的设计

图10-12　《解放军报》

视觉中心理论能更好地活跃版面，较好地处理版面全局与局部、局部与局部的关系，甚至可以通过版面表现力的强弱明确视觉层次，让读者在不知不觉中按编辑的要求做到先看什么、再看什么、最后看什么。

三、慧眼巧用图片

现代社会是图像爆炸的时代。在铺天盖地的图像轰击下，人们被惯坏了，变得懒惰了，当他们需要信息时，他们不再说"告诉我"，而是说"画给我"。图文并茂是设计优秀版面的原则之一，而且随着时代的发展，图片的作用和地位越来越突出，所占据的版面位置也越来越大，如图10-13所示。

照片为一天的新闻制造气氛，它诱使我们去读一条本来可能会被忽视的报道，或者刺激我们的视觉吸引我们去买一张报纸。报纸编辑们采用极富感染力的图片并巧妙编排，在最短的时间里以最少的笔墨和最小的篇幅给读者最多的信息，产生极强的视觉冲击力，如图10-14所示。

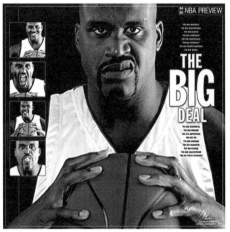

图10-13　图片在版式设计中的位置　　　　图10-14　极强的视觉冲击力的图片

四、增加版面均衡

　　版面一般把重要信息放在上部，容易造成上部大标题、长消息，下部小标题、短消息的头重脚轻的不良版式，此刻就要在版面的中下部突出读者爱看的稿件，增加版面亮点。

　　在突出处理中下部稿件时，可以采取局部的图案套衬、加大标题字号和所占版面的空间、突出题图设计和标题形状的奇特变化、加大文稿所占的版面空间、采用独特的花边形式、利用题图压衬等方式，如图10-15所示。

图10-15　均衡的版式设计

五、刻画报纸"生动表情"

　　精良的版式设计能够刻画报纸的"生动表情"，给我们留下深刻的视觉印象，使报纸充满韵律。

不同的版面有不同的内在灵魂，把握住内涵就能刻画出不同的"表情"。现代的版式设计已不再是几根线条和几块网纹的组合，它所体现的是报纸的个性，这就要求编辑用艺术的手法和有针对性的版面语言来描述新闻，创作出带有"表情"的版面。新闻版的"表情"力求凝重、沉稳，体现新闻稿件的分量和内在震撼；文体版的"表情"力求活泼和振奋人心，展示扑面而来的强烈时代气息和观看比赛时的紧张刺激；生活副刊版的"表情"热情、时尚而轻松，文化版典雅而古朴庄重，如图10-16所示。

图10-16　报纸的"生动表情"

六、追求视觉的均衡

版面设计就是组版元素在版面上的计划和安排。优秀的版面设计都能够表现出其各构成因素间和谐的比例关系，达到视觉上的均衡。

此外，比例法则也是实现形式美感的重要基础，达·芬奇说："美感完全建立在各部分之间神圣的比例关系上。"版面的比例，我们可以采用"三三黄金律"(两条垂直线和两条水平线交汇的四点，是视觉中心)、"四分法"(版面作纵三横四分割，几个相邻矩形组合一起，形成美丽的匀称和平衡)、"黄金分割"理论(长宽之比为1：0.618，以此设定字号的大小、线条的粗细、围框的大小、点线面组合的比例)等，达到版面视觉的均衡，如图10-17所示。

图10-17　视觉均衡的版式设计

七、 简化版面的构成要素

现代的读者是多元化的、匆匆忙忙的读者。在竞争激烈的报刊市场，谁能使读者在尽可能短的时间内获得尽可能多的信息，谁就是赢家。因此，我们设计版式必须服从简洁、易读这一原则，减轻读者视觉的生理和心理压力，不会使读者造成视觉疲劳。

空白可以使人在读报时产生轻松、愉悦之感，标题越重要，就越要多留空白，而且照片上面的空白千万不要随便使用。美国一位报人对报纸上的空白有过十分形象的比喻，他说：“读者在密密麻麻的版面上看到空白，有如一个疲倦的摩托车手穿过深长的山洞后瞥见光明。”

彩报也是如此，在色彩的使用上也要力求简洁，如果仅凭个人喜好罗列一些漂亮的颜色涂抹在版面上，读者就会有一种在百货公司浏览各种颜色面料的感觉，视觉极易疲劳。高明的编辑从不滥用色彩，如图10-18所示。

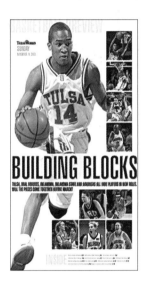

图10-18　简洁、易读的设计

八、模块式编排

对于模块式编排，美国密苏里新闻学院莫恩教授作了这样的解释：“模块就是一个方块，最好是一个长方块，它既可以是一篇文章，也可以是包括正文、附件和图片在内的一组辟栏，版面都由一个个模块组成”，这种设计最大的好处是方便读者阅读。现代读者读报时，视线在版面上的停留往往只是瞬间。因此，每篇稿件或者把意义相近、相反的稿件都框起来，独立成块，不与其他稿件交叉，就能将读者的视线锁定，产生简纯而规整的美感。读者读完一栏自然转到下一栏，无须像不规则的穿插式那样，在读完一栏文字后往往要搜寻下一栏。从视觉心理上分析，模块式有其特定的优势，格式塔派心理学的一个重要原理就是“整体大于部分之和”。根据这个命题，我们可以明显地看到模块设计的优势。

如果将一组意义相关、相近或相反的稿件散拼在版面上，那么它们也仅仅是一篇篇独立的稿件；如果将它们组合在一个方块之内，就可能产生一种不用文字表达的新信息，甚至出现1＋1>2的效果，如图10-19所示。

图10-19　模块式编排设计

第三节　招贴的版式设计

所谓招贴，又名"海报"或宣传画，属于户外广告，分布于各处街道、影(剧)院、展览会、商业区、机场、码头、车站、公园等公共场所，在国外被称为"瞬间"的街头艺术。

虽然如今广告业发展日新月异，新的理论、新的观念、新的制作技术、新的传播手段、新的媒体形式不断涌现，但招贴始终无法代替，仍然在特定的领域里施展着活力，并取得了令人满意的广告宣传作用，这主要是由它的特征所决定的。

一、招贴设计的分类

招贴设计主要分以下几种类型：

◉　社会公共招贴(非营利性)，如图10-20所示。

图10-20　社会公共招贴设计

◉ 商业招贴(营利性)，如图10-21所示。

图10-21 商业招贴版式设计

◉ 艺术招贴，如图10-22所示。

图10-22 艺术招贴版式设计

二、招贴设计的特点

◉ 画面大：作为户外广告的招贴画比各平面广告大，十分引人注目。

◉ 远视强：招贴的功能是为户外远距离、行动着的人们传达信息，所以作品的远视效果强烈。

◉ 内容广：招贴宣传的面广，它可用于公共类的选举、运动、交通、运输、安全、环保等方面，也可用于商业类的产品、企业、旅游、服务及文教类的文化、教育、艺术等方面，能广泛地发挥作用，如图10-23所示。

◉ 兼具性：设计与绘画的区别在于，设计是客观的、传达的，绘画是主观的、欣赏的；而招贴却是融合设计和绘画为一体的媒体，如图10-24所示。

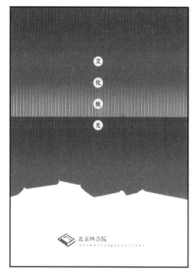

图10-23 文化、电影、艺术招贴的版式设计

图10-24 设计与绘画一体的招贴设计

- 重复性：招贴在指定的场合能随意张贴，既可张贴一张，也可重复张贴数张，做密集型的强传达。

三、招贴设计的局限

- 文字限制：招贴是给远距离、行动的人们观看，所以文字宜少不宜多。
- 色彩限制：招贴的色彩宜少不宜多。
- 形象限制：招贴的形象一般不宜过分细致周详，而要概括。

○ 张贴限制：公共场所不宜随意张贴，必须在指定的场所内张贴。

四、招贴设计的法则

○ 新奇：虽然所有媒体都需要"新奇"，但招贴要求更高，因为它只是在"瞬间"发挥传达作用，特别需要视觉传达的异质点，如图10-25所示。

○ 简洁：虽然所有媒体都需"简洁"，但招贴要求更高。因为它是户外广告，越是"简洁"的招贴，主题越突出，焦点越集中，内容越丰富，如图10-26所示。

图10-25　新奇的设计　　　　　　　　　图10-26　简洁的设计

○ 夸张：因为招贴是在远处发挥强烈的传达作用，所以必须调动夸张、幽默、特写等表现手段来揭示主题，明确消费者的心理需求，如图10-27所示。

○ 冲突："冲突"也是对比，包括两个方面：一是形式节奏上的"冲突"；二是内容矛盾上的"冲突"，如图10-28所示。

○ 直率：艺术要求含蓄，招贴则要求直率，如图10-29所示。

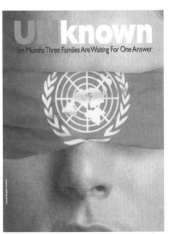

图10-27　夸张幽默的设计　　　　图10-28　冲突的设计　　　　图10-29　直率的设计

第四节 包装的版式设计

法国当代社会学家杨·波德里雅尔说："物品要转化为消费品，就必须成为一种符号。"消费观念的需求导致包装设计的不断改革，包装设计需穷尽其魅力，投人们的喜好，尽其所能，让商品的质量、包装的品位与消费者的审美倾向达到一个新的交流境界。包装作为流通商品，若要满足人们的消费水平，它的设计就必须作为一种符号出现，这样，人们就可以通过解读包装上的符号，了解到符号语言之外的商品形象信息，同时又达到愉悦心情的目的，这也就形成了商品从生产到消费的完美结局。

一、包装设计美学特征

包装的版式具有形态美和功能美。包装设计由几个版面相互作用而生成，各个面的信息内容虽不同，但它们却都是传达同一个产品的信息符号，它们互相照应、叠加、连接，把商品质量、商品形态等以符号的形式表达出来，突出主题部分，条理清晰，使消费者与商品之间的距离瞬间缩短。

商品包装的美学特征有以下三点。

- 反映时代审美情趣。
- 抓住情感诉求设计。
- 继承传统因素。

二、包装设计组成要素

包装设计由几大要素组成：商标、文字、色彩、图形和包装结构等，包装盒本身就是一个反映商品信息的整体，但作为包装盒的六个面来说，它又是由一个个局部形象组成的，具有不可分割的关系。因此，全盘考虑包装盒的整体美感是很重要的。包装一般分为内包装、中包装、外包装。包装容器的造型一般有瓶类、筒类、盒类和袋类，如图10-30所示。

图10-30 内包装、中包装、外包装设计

与其他种类的视觉设计相比，包装盒的版面空间小，而所要传递的信息又较多，因此，突出版面的重点就是设计师应研究的重要课题。

包装的功能是保护商品、传达商品信息、方便使用、方便运输、促进销售、提高产品附加值。包装作为一门综合性学科，具有商品和艺术相结合的双重性。

成功的包装设计必须具备以下5个要点。

- 货架印象。
- 可读性。
- 外观图案。
- 商标印象。
- 功能特点说明。

三、包装设计三大要素

包装设计即指选用合适的包装材料，运用巧妙的工艺手段，为包装商品进行的容器结构造型和包装的美化装饰设计。从中可以看到包装设计的三大构成要素。

(一) 外形要素

外形要素就是商品包装展示面的外形，包括展示面的大小、尺寸和形状。包装的形态主要有圆柱体类、长方体类、圆锥体类和各种形体，以及有关形体的组合及因不同切割构成的各种形态。包装形态构成的新颖性对消费者的视觉引导起着十分重要的作用，奇特的视觉形态能给消费者留下深刻的印象，如图10-31所示。

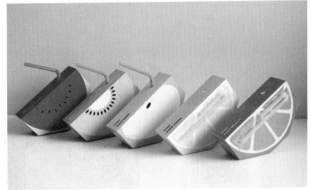

图10-31 奇特的视觉形态设计

我们在考虑包装设计的外形要素时，还必须从包装设计的形式美法则结合产品自身功能的特点，将各种因素有机、自然地结合起来，以求得完美统一的设计形象。

包装外形要素的形式美法则主要从以下几个方面加以考虑。

- 安定与轻巧法则。
- 对比与调和法则。
- 重复与呼应法则。
- 节奏与韵律法则。
- 统一与变化法则，如图10-32所示。
- 比例与尺度法则，如图10-33所示。

图10-32　统一与变化法则　　　　　图10-33　比例与尺度法则

（二）构图要素

构图是将商品包装展示面的商标、图形、文字和色彩组合排列在一起的一个完整的画面。它们组合构成了包装装潢的整体效果。

1．商标设计

商标是一种符号，是企业、机构、商品和各项设施的象征形象。商标一般可分为文字商标、图形商标以及文字图形相结合的商标三种形式。在包装设计中应将商标安排在较明显的位置，如图10-34所示。

2．图形设计

图形作为设计的语言，就是要把形象的内在、外在的构成因素表现出来，以视觉形象的形式把信息传达给消费者。图形就其表现形式可分为实物图形和装饰图形。

（1）实物图形。实物图形采用绘画手法、摄影写真等来表现。绘画是包装装潢设计的主要表现形式，根据包装整体构思的需要绘制画面，为商品服务。与摄影写真相比，它具有取舍、提炼和概括自由的特点。绘画手法直观性强，欣赏趣味浓，是宣传、美化、推销商品的一种手段。

（2）装饰图形。装饰图形分为具象和抽象两种表现手法。具象的人物、风景、动物或植物的纹样作为包装的象征性图形可用来表现包装的内容物及属性。抽象的手法多用于写意，采用抽象的点、线、面的几何形纹样、色块或肌理效果构成画面，既简练、醒目又具有形式感，其也是包装装潢的主要表现手法，如图10-35所示。

图10-34　商标安排在较明显的位置　　　图10-35　装饰图形的包装设计

3．色彩设计

包装色彩要求平面化、匀整化。还必须受到工艺、材料、用途和销售地区等的制约和限制。例如：食品类常用鲜明丰富的色调，以暖色为主，突出食品的新鲜、营养和味觉；医药类常用单纯的冷暖色调；化妆品类常用柔和的中间色调；小五金、机械工具类常用蓝、黑及其他沉着的色调，以表示坚实、精密和耐用的特点；儿童玩具类常用鲜艳夺目的纯色和冷暖对比强烈的各种色调，以符合儿童的心理和喜好；体育用品类多采用鲜明响亮的色调，以增加活跃、运动的感觉……不同的商品有不同的特点与属性，如图10-36所示。

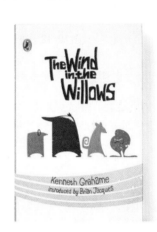

图10-36　食品类包装设计

4．文字设计

包装设计中的文字设计的要点有：内容简明、真实、生动、易读、易记；字体设计应反映商品的特点、性质，有独特性，并具备良好的识别性和审美功能，同时文字还有图形的功能，具有装饰美化的作用，如图10-37所示。

商品包装上的牌号、品名、说明文字、广告文字以及生产厂家、公司或经销单位等，反映了包装的本质内容。

图10-37　文字的装饰美化作用

（三）材料要素

材料要素是商品包装所用材料表面的纹理和质感。它往往影响到商品包装的视觉效果。

利用不同材料的表面变化或表面形状可以达到商品包装的最佳效果，如图10-38所示。包装用材料，无论是纸类材料、塑料材料、玻璃材料、金属材料、陶瓷材料、竹木材料还是其他复合材料，都有不同的质地肌理效果。材料要素是包装设计的重要环节，它直接关系到包装的整体功能和经济成本、生产加工方式及包装废弃物的回收处理等多方面的问题。

图10-38　不同材料的包装设计

第五节　网页的版式设计

所谓网页的版式设计，是指在有限的屏幕空间上将各种视听多媒体元素进行有机的排列组合，将理性思维以个性化的形式表现出来，是一种具有个人风格和艺术特色的视听传达方式。它在传达信息的同时，也产生感官上的美感和精神上的享受。

一、网页设计的特点

网页的排版与报纸杂志的排版存在很多的差异。印刷品都有固定的规格尺寸，网页则没有，它的尺寸是不固定的，这就使得网页设计者不能精确地控制页面上每个元素的尺寸和位置；另外，网页的组织结构不像印刷品那样为线性组合，这也给网页的版式设计带来了一定的难度。

（一）网络的特点

我们可以把网络称为一种新型的媒体，因为它具备如报刊、电视等多种媒体的基本特点，但同时我们又很难将网页归入传统媒体的任何一类，网络广告在下列7个方面呈现出不同于传统媒体广告的特点。

- 交互性强。
- 具有灵活性和快捷性。
- 广告成本低廉。
- 感官性强。
- 传播范围广。
- 受众针对性明确。

○ 受众数量可准确统计。

(二) 网页的版面构成特色

网页的版面构成是结合动画设计、音频效果等的综合表现形式。首先是页面的版面效果，它同样要遵循版面的造型要素及形式原理，在此基础上加上适当的动画和背景音乐效果使得网页从视觉上生动起来，听觉上也能得到享受。例如，信息、设计公司的网页风格鲜明，造型上具有冲击力，用色更为考究耐看，格调高雅，如图10-39所示。

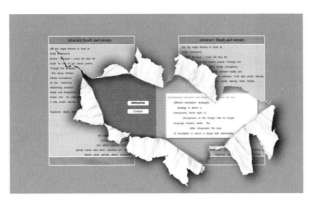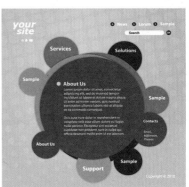

图10-39 设计公司的网页设计

(三) 网页的布局形式

现在的网站通常具有的内容有：文字、图片、符号、动画、按钮等。其中，文字占很大的比重，因为现在的网络基本上还是以传送信息为主，而使用文字是一种非常有效率的方式；其次是图片，加入图片可以使页面更加活跃。整个页面一般分为几个部分：网站的名称、LOGO、导航等一般放在上边和左边。中间的部分一般是主要的信息，使用者主要就是看中间这个部分的内容，如图10-40所示。有些设计公司的网站页面划分独具匠心、富有创意和美感，如图10-41所示。

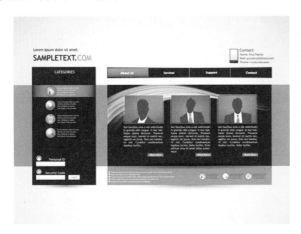

图10-40 常见的网页设计布局　　　　图10-41 富有创意的设计

二、网页文字的编排

很多从事网页设计的计算机专业人员在掌握了网页制作技术的情况下，都渴望将自己的网页制作得更具创意和美感。下面将讲解文字在网页设计中的运用。

（一）网页文字的编排

1．字号

最适合于网页正文显示的字号大小为12磅左右。现在很多综合性的站点，由于在一个页面中需要安排的内容较多，通常采用9磅的字号。较大的字号可用于标题或其他需要强调的地方，小一些的字号可以用于页脚和辅助信息。

2．字体

字体要依据网页的总体设想和浏览者的需要来选择。如：粗体字强壮有力，有男性特点，适合机械、建筑业等内容；细体字高雅细致，有女性特点，适合服装、化妆品、食品等行业的内容。从加强平台无关性的角度来考虑，正文内容最好采用默认字体。因为浏览器是用本地机器上的字库来显示页面内容的，作为网页设计者必须考虑到大多数浏览者的机器里只装有三种字体类型及一些相应的特定字体，而设计者指定的字体在浏览者的机器里并不一定能够找到，解决该问题的办法是：在确有必要使用特殊字体的地方，可以将文字制成图像，然后插入页面中。

3．行距

行距的变化也会对文本的可读性产生很大影响。一般情况下，接近字体尺寸的行距设置比较适合正文。行距的常规比例为10：12，即用字10磅，则行距12磅。这是因为适当的行距会形成一条明显的水平空白带，以引导浏览者的目光，而行距过宽则会使文字失去延续性。

除了对于可读性的影响，行距本身也是具有很强表现力的设计语言。可以有意识地加宽或缩窄行距。例如，加宽行距可以体现轻松、舒展的情绪，应用于娱乐性、抒情性的内容。另外，通过精心安排，使宽、窄行距并存，可增强版面的空间层次与弹性，如图10-42所示。

图10-42 文字的编排设计

4．标题与正文

在进行标题与正文的编排时，可先考虑将正文作双栏、三栏或四栏的编排，再进行标题的置入。将正文分栏，是为了求取页面的空间与弹性，避免通栏的呆板以及标题插入方式的单一性。标题虽是整段或整篇文章的标题，但不一定千篇一律地置于段首之上，可作居中、横向、竖向或边置等编排处理，甚至可以直接插入字群中。通过文字的大小、明暗、疏密以及叠置等变化，可以起到较好的视觉引导作用，如图10-43所示。

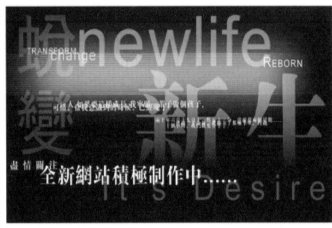

图10-43　标题与正文的设计

（二）网页文字的颜色

在网页设计中，设计者可以为文字、文字链接、已访问链接和当前活动链接选用各种颜色来加以区分。例如，如果使用FrontPage编辑器，默认的设置则是这样的：正常字体颜色为黑色，默认的链接颜色为蓝色，鼠标点击之后又变为紫红色。使用不同颜色的文字可以使想要强调的部分更加引人注目，但应该注意的是，对于文字的颜色，只可少量运用，如果什么都想强调，其实是什么都没有强调。况且，在一个页面上运用过多的颜色，会影响浏览者阅读页面内容，如图10-44所示。

图10-44　标题与正文的颜色设计

三、网页的图像

除了文本之外，网页上最重要的设计元素莫过于图像了。一方面，图像的应用使网页更加美观、有趣；另一方面，图像本身也是传达信息的重要手段之一。与文字相比，它直观、生动，可以很容易地把那些文字无法表达的信息表达出来，易于浏览者理解和接受。

（一）图像的格式

Web通常使用两种图像格式：GIF和JPEG。除此以外，还有两种适合网络传播但没有被广泛应用的图像格式：PNG和MNG。

（二）图像的形式

同印刷排版一样，静态图像在网页排版中的运用不外乎四种形式：方形图、退底图、出血图以及这三种形式的结合使用。

1．方形图

方形图，即图形以直线边框来规范和限制，是一种最常见、最简洁、最单纯的形态。方形图使图像内容更突出且将主体形象与环境共融，可以完整地传达主题思想，富有感染性。配置方形图的页面给人以稳重、可信、严谨、理性、庄重和安静等感觉，但有时也显得平淡、呆板，如图10-45所示。

2．退底图

退底图是将图像中的背景去掉，只留下主题形象。退底图自由而突出，更具有个性，因而给人印象深刻。配置退底图的页面，轻松、活泼，动态十足，而且图文结合自然，给人以亲和感，但是也容易造成凌乱和不整齐的感觉，如图10-46所示。

图10-45　方形图设计　　　　　　图10-46　退底图设计

3．出血图

出血图是指图像的一边或几个边充满页面，有向外扩张和舒展之势。一般用于传达抒情或运动信息的页面，因不受边框限制，感觉上与人更加接近，便于情感与动感的发挥，如图10-47所示。

4．装饰图形

网页中的装饰图形分为具象和抽象两种。具象的人物、风景、动物或植物都可作为网页的象征性图形。抽象的手法多采用抽象的点、线、面的几何形纹样、色块或肌理效果构成画面，应用图形的网页效果既简练、醒目又具有形式感，如图10-48所示。

图10-47　出血图设计　　　　　　　　　　　图10-48　装饰图设计

(三) 图像的关系

1．平衡

如果页面是平衡的，当用户浏览这个页面时就会感觉它们是一个整体，看的时候目光的跳转也会很自然。同时，构成页面的元素仍然是彼此独立(注意不是孤立)的，不需要用线或用颜色将它们直接地串接起来。这是为什么呢？因为它们彼此之间是平衡的。这就好比跷跷板，即便看不到连接两端的人的木板，也能感觉到他们是一个整体，因为"平衡"！

(1) 对称平衡。这是最常见的平衡手段，用来设计比较严谨的页面，如图10-49所示。

(2) 非对称平衡。非对称其实并不是真正的"不对称"，而是一种层次更高的"对称"，是一种打破了常规的对称，如图10-50所示。

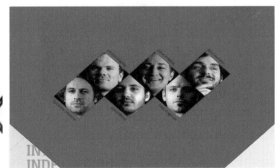

图10-49　对称平衡设计　　　　　　　　　　图10-50　非对称平衡的设计

2．对比

如果说平衡搭起了一个稳定的页面框架，那么对比就是这个框架中的动态点缀。这里所说的动态并不是要真的让元素动起来，而是要有"变化"。可以变化的因素包括大小、颜色、字体、重心、形状、纹理等，如图10-51所示。

图10-51 富有对比元素的设计

3．连贯

前面谈到了对比，对比离不开变化，然而如果对比太多，变化也会太多，页面就会显得凌乱，因此我们现在来谈"连贯"。在一个成功的页面设计中，有很多要素是必须保持一致的，如图10-52所示。这些要素通常包括以下几个方面。

(1) 布局。页面的上下、左右、页面与页面中间要保持布局一致。

(2) 导航栏。导航栏应当完全保持一致，通常应单独为导航栏建立一个框架页，这样就可以保证更新导航栏时，所有网页都会被自动更新。

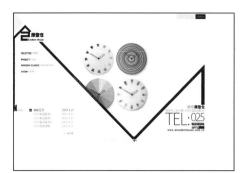
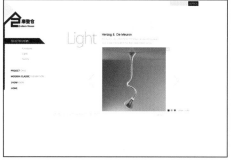

图10-52 连贯的页面设计

四、网页版式中的方块设计

(一) 网站中的方块

人们从接触信息以来，信息的呈现就是以方块形式存在的：报纸、书，单个字成点，一行字成线，一段字成面，而这个面则以方形呈现的效率最高。网站的视觉设计大部分其实也是在拼方块。

网站中的方块能够很好地引导用户的视觉路径，用户可以通过区块来分辨这个区域的信息是否是自己需要的，从而可以迅速缩小范围细致寻找或者浏览下一个区块。比如Yahoo的首页，从大块上来看，用户很容易分辨出4个大区块，每个区块里面又有小的区块，如图10-53所示。

图10-53　网页的分割

网站中方块的设计原则主要有以下3条。

- 方块感越强越能给用户方向感。
- 方块越少越好。
- 尽量用留白作视觉区分。

(二) 对齐和间距

视觉设计最简单、也最容易忽略的就是对齐。检查的方法就是查看每个方块中的边线，方块与方块之间的边线，尤其是纵向维度。

间距的一般规律：字距小于行距，行距小于段距，段距小于块距。检查的方法可以尝试将网站的背景图案、线条全部去掉，看是否还能保持想要的区块感，如图10-54所示。

(三) 主次关系

对用户进行引导的关键在于怎么处理主次关系，也就是对比。从视觉的角度来看，形状的大小、颜色、摆放的位置都会影响信息的重要性。

从大的区块来看，不要平均分割页面，三栏的设计应该让其中一栏明显短一些。

暑假来了：夏令营-学生游-看演出
看电影　去玩水　亲子游　少儿托管　做饭保姆
家教上门　学钢琴　学游泳　学英语　暑期兼职

婚庆-家电维修-搬家/搬运
便民服务　宠物　快递　鲜花/园艺/礼品　保洁
电脑维修　装修/装饰　自行车/电动车修理

新娘跟妆-摄影/摄像-婚礼布置
婚车　司仪/主持　婚纱照　活动用花　租花
店面装修　墙面粉刷　家庭装修/装饰

买房-买二手房-买新房
二手房　优惠房源　店长推荐　小户型　80万内
新房　普通住宅　公寓　别墅　商铺投资

奶茶咖啡饮品-冰品甜品-面包/蛋糕
果蔬汁　奶茶　茶饮料　咖啡　花式咖啡
冰淇淋　特饮系列　港式甜品　蛋糕　面包

图10-54　对齐设计

从局部来看，要把握信息呈现的节奏。比如Yahoo中间新闻栏的设计，大图带大标题是第一要点，小图带字是第二要点，纯文本是第三要点，节奏感、主次关系非常强。

图10-55所示是腾讯、淘宝的首页改版后的效果。单纯从视觉设计的角度来看，腾讯的网站让人感觉非常清爽，能够看出设计者非常用心。

图10-55 腾讯、淘宝网站首页

第六节　手机APP界面设计

APP是英文Application的简称，由于iPhone智能手机的流行，现在的APP多指智能手机的第三方应用程序。目前比较著名的APP商店有Apple的iTunes商店里面的APP Store，Android的Google Play Store，诺基亚的Ovi Store等。

一、APP的特点

手机APP不仅仅是一个应用程序那么简单，在它崭露头角的时候，就注定了不可估量的发展前景。随着智能手机和iPAD等移动终端设备的普及，人们逐渐习惯了使用APP客户端上网的方式，图10-56中的APP是给去布拉格动物园的游客查找景点使用的；图10-57是手写APP，看起来很美观、自然；图10-58中用了很多众所周知的APP元素，使国家地理杂志看起来更漂亮并且足够的智能化。

图10-56　布拉格动物园APP

图10-57　手写APP　　　　　　　　　图10-58　国家地理杂志APP

不仅如此，随着移动互联网的兴起，越来越多的互联网企业、电商平台将APP作为销售的主战场之一。数据表明，目前APP(即手机)给电商带来的流量远远超过了传统互联网(PC端)的流量，通过APP进行盈利也是各大电商平台的发展方向。事实表明，各大电商平台向移动

APP的倾斜也是十分明显的，原因不仅仅是每天增加的流量，更重要的是由于手机移动终端的便捷，为企业积累了更多的用户，更有一些用户体验不错的APP使得用户的忠诚度、活跃度都得到了很大程度地提升，从而为企业的创收和未来的发展起到了关键性的作用。

目前用户基数较大、用户体验不错的几款客户端，本地服务的有大众点评、豆角优惠、今夜去哪儿、丁丁优惠等。网购的有淘宝、京东商城、当当网等。以分享为主的主要有美丽说、蘑菇街等。社交即时通信工具有微信、陌陌、E都市、易信、来往等。当然游戏、阅读等热门应用更是层出不穷。iOS用户的下载渠道相对比较明确，直接在APP Store或者iTunes直接下载就可以，Android用户可从各大下载市场中淘。

二、手机APP页面设计

（一）手机APP各部分结构设计

手机APP各部分结构包括桌面图标、开机画面、首页、列表、地图、更多、系统设置、登录、分享、我的地盘等。

1．桌面图标

桌面图标是手机APP的基础组成部分。它能传达手机APP的基本设计定位，也是用户第一感受的直接来源，同时也是一个非常重要的入口，能直接引导用户下载并使用手机APP。如图10-59为豆角优惠、丁丁优惠等企业的图标。

图10-59　豆角优惠、丁丁优惠等企业图标

怎样从视觉设计的层面来提升APP桌面图标的点击率呢？在运用较有视觉冲击的方式的同时，必须保证桌面图标的可识别性，重点是图标的创新，也可运用软件界面中的元素，更好地体现桌面图标设计的连续性。采用消费者比较喜欢新奇元素的心理特点来设计也是理想的设计思路之一。图标设计风格有简约效果、卡通效果、立体图形、光滑质感、金属质感、玻璃质感等，如图10-60所示。

图10-60　光滑质感和简约效果图标

2．开机画面

开机画面是手机APP通过图标下载过后展示的第一页，这一页是可以随意变换的，每一期会设计自己的主题和风格，根据不同的活动内容，展现出不同画面。举个例子：春节临近，画面可以改为以热闹喜庆的风格；母亲节就以温馨关怀为主题，按照此类布置，开机画面呈现多变性，是手机APP的亮点所在，如图10-61所示。

图10-61　开机画面设计

3．首页

首页的设计至关重要，是一个手机APP界面的核心所在，包含了很多的功能键，也有菜单栏、状态栏、分类等一系列功能，有些是图文并茂，甚至直接用图片拼接，如图10-62所示。

图10-62　首页设计

4．列表

列表是点开商家LOGO跳转出来的页面，主要以商品信息来排列，页面上可按区域、优惠、热门等方式做横排、竖排或不规则形式排序，如图10-63所示。

图10-63　列表设计

（二）设计要点

手机APP界面是应用程式操作系统中的人机交互窗口，设计手机APP界面必须在手机硬件和软件的基础上进行合理规划设计。

- 要对手机的硬件功能有所了解，例如：手机所支持的最多色彩数量、手机所支持的图像格式等。
- 应该对软件的功能足够了解，熟悉每个模块的模式，从而做到最大限度地利用现有资源进行手机APP界面设计。
- 制作手机APP页面不一定要复杂烦琐，但一定要美观大方，注重用户的操作性和视觉体验。一般的手机APP不会有太多复杂的功能，主要还是以简洁和实用为主。如图10-64中的APP的设计风格既简洁明快又美观有趣。

图10-64　简洁、有趣的APP

优秀版式设计作品欣赏

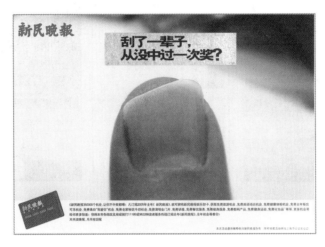

10

点评：此作品运用背景与主体物的虚实对比的手法，以手指甲的特写与虚化模糊的背景形成强烈的反差，突出主题。

点评：此作品将大树的外形设计成梯子形状，寓意与大自然接轨，图像在版面中占据很大面积，直接显示其重要程度。一般地，大图像容易形成视觉焦点版面。该作品创意独特，主题鲜明。

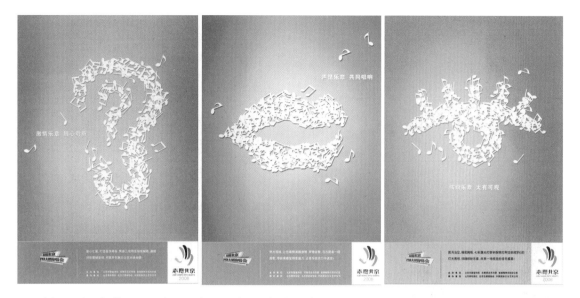

　　点评：此三幅作品为"志愿北京"系列宣传招贴设计，三幅作品都以音乐符号为基本元素组合成耳、嘴、眼器官形状，寓意聆听、唱响、观看。

　　音符的大小、聚散不仅决定着主从关系，也控制着页面的均衡与运动。大小对比强烈，给人以跳跃感，使主角更突出；这种跳跃音符的引导，使浏览者的视线在页面上流动，便造成一种动势，使页面活泼起来。颜色运用得当，大小元素主次得当地穿插组合，构成最佳的页面视觉效果。

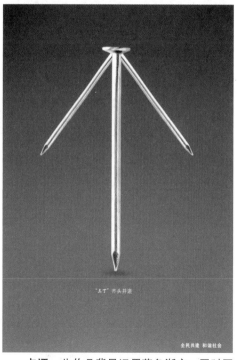

　　点评：此作品以猎豹占据整个版面，内容突出。将猎豹与拉链巧妙的结合，体现了该作品的设计风格与想法，给人以想象的空间。

　　点评：此作品背景运用蓝色渐变，同时图像与背景在和谐统一的基础上又存在一定的对比，使主体图像更加突出。作品简洁、大气，构图严谨。

10

点评：此作品构图严谨，形式感强，空间对比运用非常成功。通过黑白的强烈对比以及空间透视的运用，大块黄色使作品形成反差，视觉冲击力强，能够更好地突出主题。

点评：此作品图片大面积的运用使整个版面内容突出，给人以强烈的视觉冲击力，黑白灰的运用以及以深沉的颜色为背景衬托主题文字，都是通过对比进而对主体形象起到突出作用。

点评：此作品按照主从关系的顺序，使放大的主体形象成为视觉中心，以此来表达主题思想。在主体形象四周留有空间，使被强调的主体形象更加鲜明突出。

1. 现代版式设计有哪几种？各有什么特点？
2. 各种类型的版式设计之间有什么相同点和不同点？

设计制作《和酒》产品网页

项目背景

亚述视觉设计公司的业务蒸蒸日上，随着公司不断设计出颇具影响力的广告作品，不少商家纷纷找上门来，最近某酿酒公司为打开销路委托公司为他们设计制作"和酒"的网站。

项目任务

用Photoshop设计并制作《和酒》产品网页；需要了解产品的网站设计制作要求；要求设计出网站首页和分页面。

项目分析

网站已成为现代企业宣传不可或缺的组成部分。网站设计最主要的功能是介绍企业的发展，其次是美化商品和传达信息。新颖独特的网站设计往往容易打动消费者的心，提高企业的形象和知名度。

网页首页一般有企业标志、名称、导航栏、链接、企业最新消息等内容和模块，分页面包括各种产品的详细介绍、企业的地址、电话、注册信息等内容。

10

参 考 文 献

[1] 余隶楠. 字体设计基础[M]. 北京：中国美术出版社，1993.

[2] 陈雅丹. 基础版面设计[M]. 哈尔滨：黑龙江美术出版社，1995.

[3] 蔡顺兴. 编排[M]. 南京：东南大学出版社，2006.

[4] 陈原川. 字体设计基础[M]. 上海：上海人民美术出版社，2006.

[5] 王广文. 字体设计教程[M]. 北京：中国纺织出版社，2006.

[6] 陈原川. 汉字设计[M]. 北京：中国建筑工业出版社，2005.